U0004216

便當實驗室開張

每天做給老公、女兒，偶爾也自己吃

高木直子◎圖文

洪俞君◎譯

這是妳的便當。
高木直子
我上的幼稚園每星期一要自己帶便當。
大我一歲的姊姊
娃娃車快來了。
快點
慌亂
慌亂
慌亂
搭娃娃車到幼稚園大約30分鐘。
咯 咯 咯
幼稚園
噗~~~
雖然不太記得每天在幼稚園做什麼，
肚子餓了……
發呆~
嘻嘻
哈哈
哈哈
嘻嘻
不過總是很期待午餐的時間。
終於到了吃午餐的時間!!
開動~!!
開動~~!!
媽媽做的便當通常都是兩個飯糰。
打開……
Mimi
空隙再塞點菜。

我每次都吃光光。
大口吃
大口吃
大口吃
其他天的午餐……
一 自己帶便當
二 三明治營養午餐
三 只有上午
四 外包的便當營養午餐
五 三明治營養午餐
六 只有上午
我還算喜歡三明治，可是只有兩個，吃不夠。
火腿三明治裡面塗芥子醬，我有點不敢吃。
MILK
蛋沙拉三明治和火腿三明治
外包便當裡盡是不吸引人的菜色，不像是給小孩子吃的，完全不合我的口味。
雖然我還是會吃
因此我最期待每星期一的午餐。
今天是星期一
媽媽很辛苦
捏
捏
寒冷的季節，幼稚園會準備大型的便當加熱器。
早上來了就把便當放進這裡

裡面飄出各個家庭的便當香味，
更叫人迫不及待想吃午餐。
撲鼻～～
啊～
大家來拿便當～
熱呼呼
嘿嘿～
這時期媽媽不會
在便當裡放甜點。
有時候不知道是不是忘記，
還是沒其他東西可放，
裡面竟然有甜點。
打開……
啊!!
草莓……
Mimi
而且飯糰熱過以後，
上面的海苔也都快融化了。
糊糊的～
可是這樣的飯糰我也很喜歡♡
大口吃
大口吃
大口吃
海苔很會沾手
不過我倒是有點羨慕
別人帶的某一種便當。
嘈雜
嘈雜
啊……

那就是蛋鬆肉末雙色便當。
好可愛~
那是什麼味道呢？
臉紅~
煮熟的草莓
雖然媽媽沒幫我們做過那種可愛的便當……
馬麻，便當盒給妳。
回家後
空空的
謝謝~
我還是非常喜歡媽媽為我們做的便當。
我42歲時生了女兒。
哇哇哇~
以後我要幫這孩子做便當吔~
老公
這是當媽媽的我最近略感壓力的一件事。
啊—
小孩長得很快
搖搖
晃晃

目次

著重在量！
「老公的飯糰便當」

女兒一歲以後，
我開始幫老公準備便當。
老公小亞
老公的食量很大，
因此便當能否吃得飽足很重要。
窸窸
窣窣
肉～
肉～
我們家經常買很多豬五花肉，
然後冷凍。
所以老公的便當裡
放豬五花肉的機率很高。
豬五花肉蓋飯
很大～!!
這是你的便當。
謝謝。
那我去上班了
很重
啊－
中午老公吃過飯後
都會傳訊息給我。
小亞
豬肉蓋飯便當我
都吃完了
做成薑燒口味
很好吃
今天也謝謝妳幫我
準備便當

萬一豬五花肉用完的時候，
糟糕，沒有肉。
FREE
味噌
海帶芽
空空的
也沒有別的東西可以替代~
香草
只好在白飯上動腦筋。
一大鍋!!
用土鍋煮
飯糰戰術
先把梅干剁碎~
咚
咚
接下來是鮪魚美乃滋~
擠
TUNA
還有款冬味噌、花蛤時雨煮等等。
去山梨縣時常買
款冬味噌
三重縣老家的爸媽經常寄過來
我會稍微花點心思，讓每個飯糰的口味都不一樣。
好燙喔
捏
捏
捏
捏
鹽

菜只有白煮蛋和炒青椒而已~
嗯~~
沒辦法，那就放個小起司吧!!
好了~!!
放
路上小心~
很重~
好像比平常重……
給老公帶飯糰的時候，我也會順便做自己的，
當午餐。
開動了!!
做了軟軟的烏龍麵給女兒
咯~
飯糰又簡單又好吃，可是……
以前吃的飯糰好像更好吃~
我也經常這麼想。
嚼
嚼
嚼

我覺得小時候吃的飯糰，
9歲 遠足的時候
比現在的好吃多了。
是不是因為媽媽做的飯糰特別好吃？
捏法還有鹽巴的量等等
啊！
叮～♪
小亞
謝謝妳幫我準備便當 還附了起司 很好吃，可是我的肚子好脹。
哈哈，四個飯糰果然太多了。
啊呵—
對老公而言，吃老婆做的飯糰是什麼樣的心情？
會不會還是習慣吃自己媽媽做的飯糰呢？
飯糰雖然很簡單卻也很難。

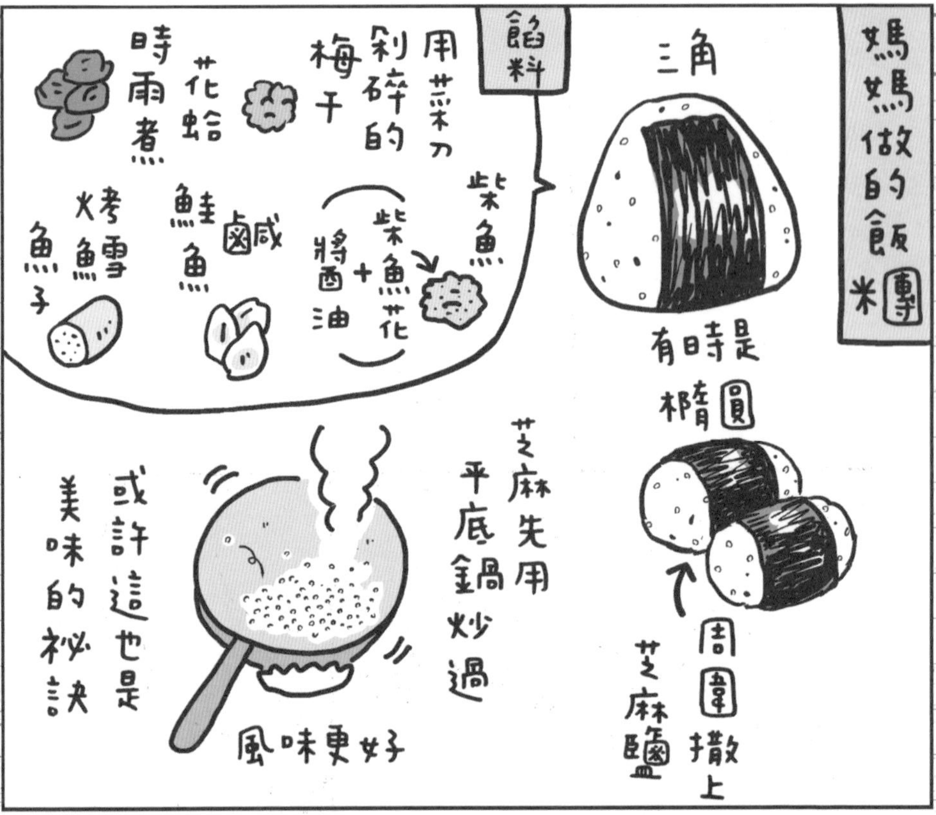
媽媽做的飯糰
三角
有時是橢圓
周圍撒上芝麻鹽
芝麻先用平底鍋炒過
風味更好
或許這也是美味的祕訣
餡料
用菜刀剁碎的梅干
柴魚
（柴魚花＋醬油）
花蛤時雨煮
鹹鮭魚
烤鱈魚子

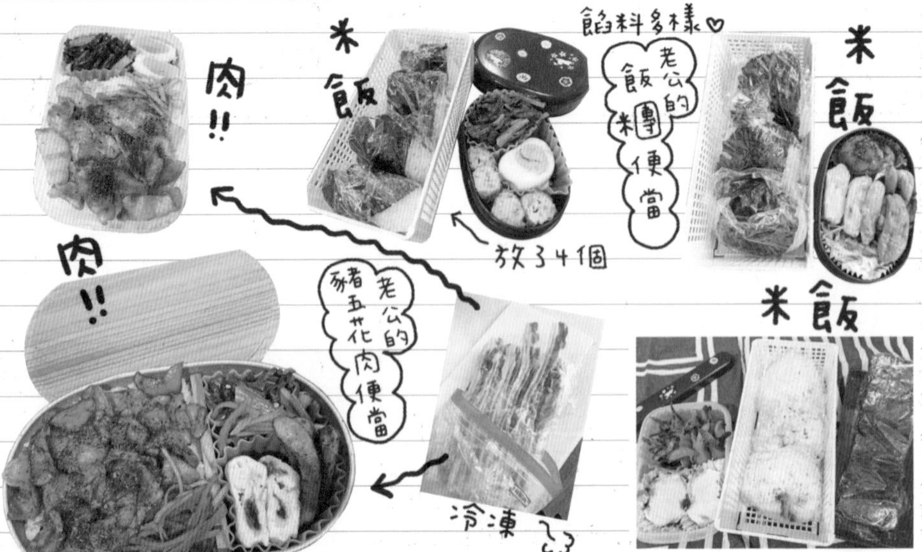
肉!!
米飯
餡料多樣♡
老公的飯糰便當
米飯
放了4個
肉!!
老公的豬五花肉便當
米飯
冷凍

就算排隊也想吃
「山巔釜飯」

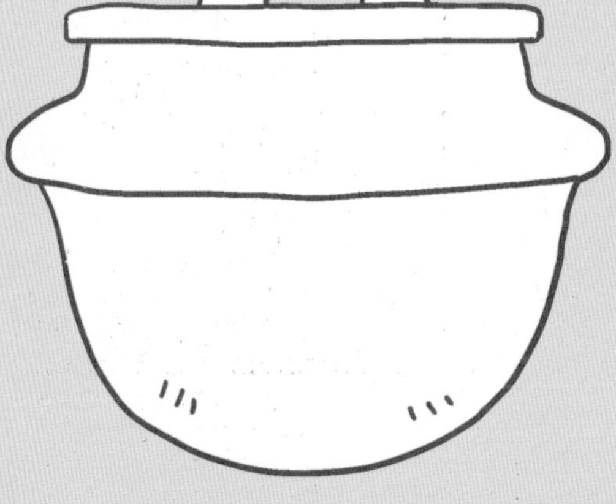

附近的超市有時會舉辦鐵路便當節。
鐵路便當節
本週六日
各地
螃蟹壽司
牛舌便當
啊，有山巔釜飯吔!!
哇!!
其中我們最期待的就是群馬縣的山巔釜飯!!
一律68日圓
小起司88日圓
魩仔魚
山巔釜飯是當地送達的，所以開始販售前就有很多客人排隊等著買。
欲購釜飯便當
客人請排隊
(限量30個)
11:00左右
老公總是主動去幫忙買。
買到了~
開心
開心
還有點溫溫的
山巔釜飯很有名，我想很多人都知道，但我還是說明一下。山巔釜飯是一種鐵路便當，用的容器是很重的陶鍋，裡面盛的是炊飯，飯上面放了色彩繽紛的菜餚。
雞肉、竹筍、香菇、鵪鶉蛋、牛蒡、栗子、杏子等等
荻野屋
老公總是買兩個回來，一家三口分著吃。
小米的飯這樣就夠吧？
咯—
女兒的菜要剁碎

女兒似乎很喜歡這釜飯。
嚼
嚼
哈哈哈，好吃嗎？
好像特別喜歡栗子和杏子。
再多給她吃一點吧。
啊—
栗子和杏子都會留給女兒，我幾乎沒得吃。
這個給妳。
偷偷地～
不過老公不太敢吃香菇，所以我可以多吃一個。
給～妳～
另外還附了裝在鍋狀容器裡的醬菜組。
打開
山牛蒡、茄子、梅干、小黃瓜、山葵漬
以前我爸爸偶爾也會買山葵漬回來。
那是什麼？

乍看之下，好像馬鈴薯沙拉，讓我不由得垂涎，不料……
啤酒的下酒菜♥
偷偷地
哇!!
小孩子當然吃不慣山葵和酒糟的味道。
吐
吐
沒想到長大成人以後竟然不知不覺間開始覺得好吃，真是不可思議。
張嘴──
這個也給妳~
偷偷地
好不好？
不過眼前這個大人現在還是不敢吃。
怎麼會不敢吃呢？
這很好吃啊~
我不是不敢吃，只是不喜歡吃而已。
一家三口把釜飯吃光光了。
吃飽了~
吃光光~

不過吃完之後，
總是不知道怎麼處理空鍋子。
嗯……
很重
聽說可以
拿到店裡回收，
可是太遠了。
超市也不回收。
其實可以用這鍋子
煮一杯米的飯
或者做各種料理。
焗飯
酒蒸花蛤
布丁
可是我還沒試過……
鍋子就一直收著……
有一天，
老公用電鑽在鍋底打洞。
嘰～～～
現在變成了花盆。
羅勒

生產山巔釜飯的荻野屋官網上有教大家如何用空鍋煮飯，我照著做做看。
白米
米1杯
水180cc
荻野屋
煮的時候常常會溢出來
噗
※等一下再打掃瓦斯爐
終於煮好了～～!!
有鍋巴吧～♡
哇～
煮出來的飯好好吃，真開心!!

打了洞
耶～釜飯～!!
杏子和栗子進到女兒的肚子裡……
吃完之後，也可以拿來當花盆。
打開
還附醬菜組好高興♡

會變得很強壯嗎?!
「菠菜便當」

超市有賣各種蔬菜。
啊，今天的菠菜很便宜!!
菠菜
日幣98圓
買兩把回去~
放
放
其中我經常買的是菠菜。
直子妳很喜歡菠菜齁~
買菠菜可以說已經變成我的興趣了!!
咳咳
我從小就經常吃菠菜。
多吃一點菠菜喔。
放
哇—
菠菜可以讓血變得很乾淨喔~
大口吃
大口吃
大口吃
大概是經常聽媽媽這麼說，
讓血變得很乾淨。
加上當時看的卡通影片《大力水手》影響也很大。
SPINACH
吃菠菜就會變得很強壯

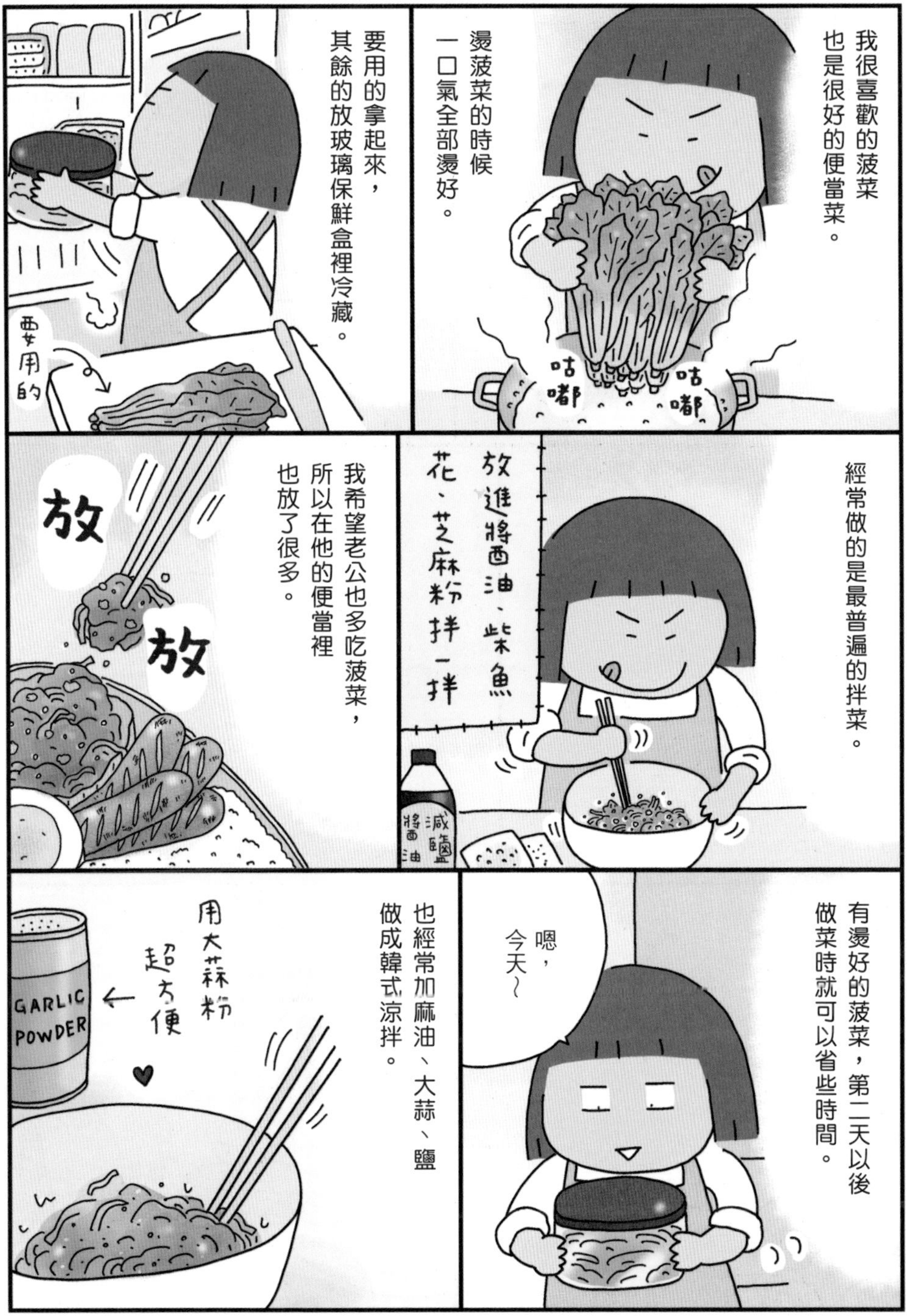

我很喜歡的菠菜
也是很好的便當菜。
燙菠菜的時候
一口氣全部燙好。
咕嘟
咕嘟
要用的拿起來，
其餘的放玻璃保鮮盒裡冷藏。
要用的
經常做的是最普遍的拌菜。
放進醬油、柴魚花、芝麻粉拌一拌
減鹽醬油
我希望老公也多吃菠菜，
所以在他的便當裡
也放了很多。
放
放
有燙好的菠菜，第二天以後
做菜時就可以省些時間。
嗯，
今天～
也經常加麻油、大蒜、鹽
做成韓式涼拌。
用大蒜粉
超方便
GARLIC POWDER

燙過的菠菜
我會盡量在三天內用完。
要放進便當裡的話，還是再熱一下比較好吧？
第三天
因此最後經常是做奶油炒菠菜。
嗞～
加奶油快炒之後，用鹽、胡椒調味。
有培根的話也會放
奶油
用生的菠菜做這道菜，有時會覺得吃起來澀澀的，
嚼起來有點磨牙……
所以我喜歡先燙過再炒。
很軟～
雖然會變成這樣
路上小心～
今天是菠菜便當
謝謝～
很大
放不下的有時就變成我和女兒的午餐。
開動了!!

吐～
啊嗚～
小米，菠菜很好吃喔～
來，啊～
轉頭不吃
對身體也很好喔～
血也會變得很乾淨喔～
不要!!
學我媽媽說話
可是女兒不太吃菠菜。
以前給她副食品的時候她都吃呀，怎麼現在……？
來，啊～
啊～
菠菜泥
為什麼呢？
小孩不太挑食當然是最好。
而且以後要幫女兒準備便當時，如果不能放菠菜也很傷腦筋……
馬麻餵妳吃納豆飯～
大口吃
大口吃
把菠菜混在裡面
我每一天都很希望女兒能喜歡上菠菜。

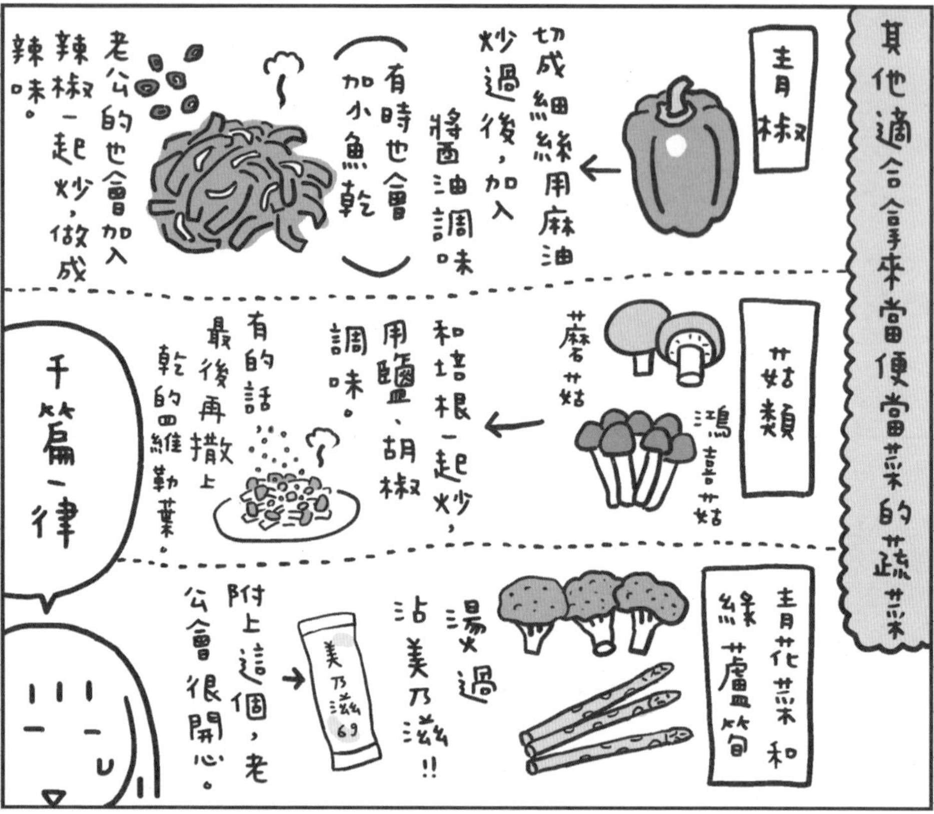

其他適合拿來當便當菜的蔬菜
青椒
切成細絲用麻油炒過後，加入醬油調味
（有時也會加小魚乾）
老公的也會加入辣椒一起炒，做成辣味。
菇類
蘑菇
鴻喜菇
和培根一起炒，用鹽、胡椒調味。
有的話最後再撒上乾的羅勒葉。
千篇一律
青花菜和綠蘆筍
燙過沾美乃滋!!
美乃滋
附上這個，老公會很開心。

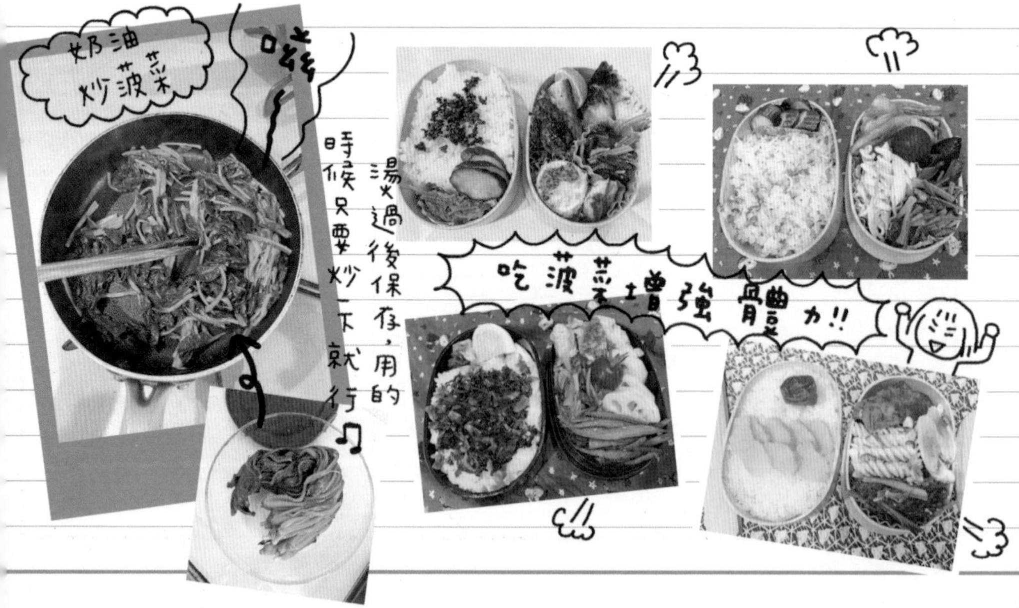

奶油炒菠菜
滋
燙過後保存，用的時候只要炒一下就行♪
吃菠菜增強體力!!

第一次自己準備便當
去公園野餐

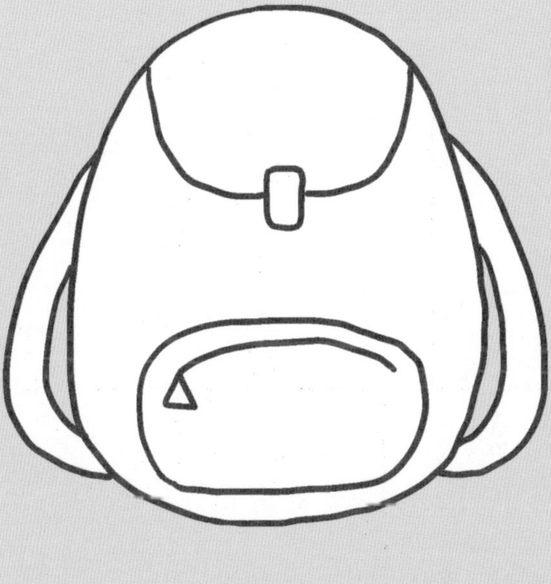

一個秋高氣爽的星期日。
哇
哇
而我家是手忙腳亂。
小米來換衣服~
水壺、保冰袋~
咕嚕
咕嚕
預定去公園野餐，
來搽防曬乳液~
噫？野餐墊收去哪裡了？
沒有在那個裡面嗎？
UV MILK
但總是得花很多時間準備，結果延誤出發。
哎呀~，已經11點了!!
太晚出門了~~
有樹蔭的地方都坐滿了~
哇—
哇—
哇—
哇—
抵達公園
啊，去那裡好不好?!
這裡不錯嘛!!
就這裡好了~~
咚—
攤開~~

鋪上野餐墊後，女兒開心得不得了。
咯～
滾～
滾～
躺～
咯～
天空好藍喔～
咯～
躺～
呼～好舒服喔。
但是可不能繼續悠哉下去。
先去買好午餐再說!!
跨步
前進
跨步
哇～已經有人在排隊了!!
我們買回來的東西。
炒麵
可樂餅
鏘～
烤飯糰
妳想吃了，是嗎？
嘛嗚～
那我們先吃午餐吧～

小米來吃炒麵~
嚼~
也可以吃烤飯糰吧？
吃
吃
哈哈哈，好像很喜歡的樣子。
女兒可以吃的東西變多了，我們也輕鬆多了。
另外，我們也從家裡帶來一些東西。
小起司
原味
原味
原味
康門貝爾
康門貝爾
鹽
白煮蛋
小番茄
FREE
FREE
ALC.0.00%
0%
無酒精啤酒
果汁
葡萄
保冰袋
小米，給妳吃小番茄~
咬
剝
剝
在戶外喝無酒精啤酒配白煮蛋，好幸福~♡
我最喜歡的蛋料理是白煮蛋。
（也很喜歡溫泉蛋）
我偏好的是煮10分鐘，蛋黃還是半熟的白煮蛋。
中火
煮好以後，放水裡冷卻。
中間是半熟~♥

炒麵也很好吃~♡
咯咯 咯咯
噫？
轉頭一看，旁邊的人吃的是豪華的手作便當。
咯咯
咯咯
看起來好好吃喔……
雖然看不清楚
不過準備那樣的便當，就更晚才能出門。
而且還沒出門就累了
……
接下來是白煮蛋~
今天唯一自己做的東西
吃
吃
不過，好想在這樣的藍天下……
給小米吃我親手做的便當……
於是決定改天為女兒做第一次的野餐便當!!
加油!!

十一月某個暖和的星期三早上。
嗞嗞~
啾
啾
我一早就努力地做炸雞塊。
早~
好早喔
嗞嗞~
麵粉
這一天我除了準備老公的便當之外，還做了自己和女兒的!!
很大
老公的
很大
我和女兒的
因為我要和女兒去野餐。
嗚嗚，只有我要去上班。
丟下我
沒辦法呀，最近星期六、星期日都會下雨。
錯過今天，天氣就要變冷了!!
話雖然這麼說，可是我幾乎沒和女兒兩個人出過遠門，難免忐忑不安。
我們現在要搭公車
妳要乖乖的喔
公車
沙龍
鰻魚
麻嗚~
坐好啦!!
噗噗噗……
啊嗚~
幾歲啊？
呵呵呵
真活潑~

ATM
公車
呼~總算過了搭公車這一關~
咚
咚
噗噗噗……
可是從公車站到公園還得走大約20分鐘。
加油加油!!
一二~一二!!
BOOK
擺動
擺動
啊嗚
啊
妳看，公園就在前面~
自己走好不好
緩慢
緩慢
結果用抱的
終於到公園了!!
氣喘
呼呼
咚—
來到大公園，女兒看來也很開心，
咚—
碎步
快走
玩了一會兒之後，
過來抓落葉吧~
咚—
咚—

決定休息吃午餐
哇—
攤開
這是今天的便當，做的時候特別考慮到女兒能容易進食。
炸雞塊
飯糰
炒馬鈴薯條
菠菜玉子燒
本來有點擔心女兒不太吃，沒想到她一口接一口吃了不少。
喔喔~
特吃
大吃
大吃
特吃
呼~
嗯~
我也來吃個飯糰~
我一直覺得自己做的飯糰不太好吃。
味道普通……
嚼
嚼
可是不知道為什麼這一天的飯糰特別美味。
噫?!
跟媽媽做的飯糰味道很像吔?!

為什麼呢？今天有改變作法嗎？
還是生了小孩以後，我的手也開始分泌「媽媽精」了？
我這麼想著。
咻～
啊，對了……
上小學以後，學校有營養午餐，只有遠足或是運動會這類特別的日子，媽媽才會為我們做飯糰。
呵呵～
捏
捏
充分運動之後，在藍天下吃飯糰真是美味極了。
大口吃
大口吃
今天有點像那種特別的日子……
我心裡如此想著。
今天是個歡欣愉快的親子野餐。
傳給老公炫耀一下
野餐真開心～
嗚嗚～丟下我～

有時也會在便利商店買喜歡的東西帶去野餐
各式飯糰
鮭魚子
鮭魚
鮪魚美乃滋
炸雞塊
白煮蛋
馬鈴薯沙拉
醬菜組合
醬菜
我的最愛
各自喜歡的飲料和點心
無酒精啤酒
女兒也喜歡這樣到便利商店買東西，總是非常開心。
嘿咻嘿咻
幫我拿籃子過來。

在便利商店買各自喜歡的東西，帶去野餐

第一次為女兒準備的野餐便當

高品質

半年後老公為我們做的野餐便當

剛煮好的飯和
「炒飯便當」

我們家每天早上用土鍋煮飯。
喀噠
喀噠
咻～
2杯米用
然後把剛煮好的飯放進老公的便當裡。
……好燙喔
熱騰騰
熱騰騰
很燙的時候先盛在盤子上放涼
早餐則是吃麵包!!
老公早餐習慣吃麵包，所以結婚以後早餐一直都是吃麵包。
來～啊～
女兒也很喜歡果醬麵包
謝謝妳幫我準備便當。
我去上班了～
路上小心～
我和女兒的午餐有時是快速地做個麵，有時是到老公老家吃婆婆做的東西。
烏龍麵好了～
住得很近
吃歐姆飯可以嗎？
哇－♥

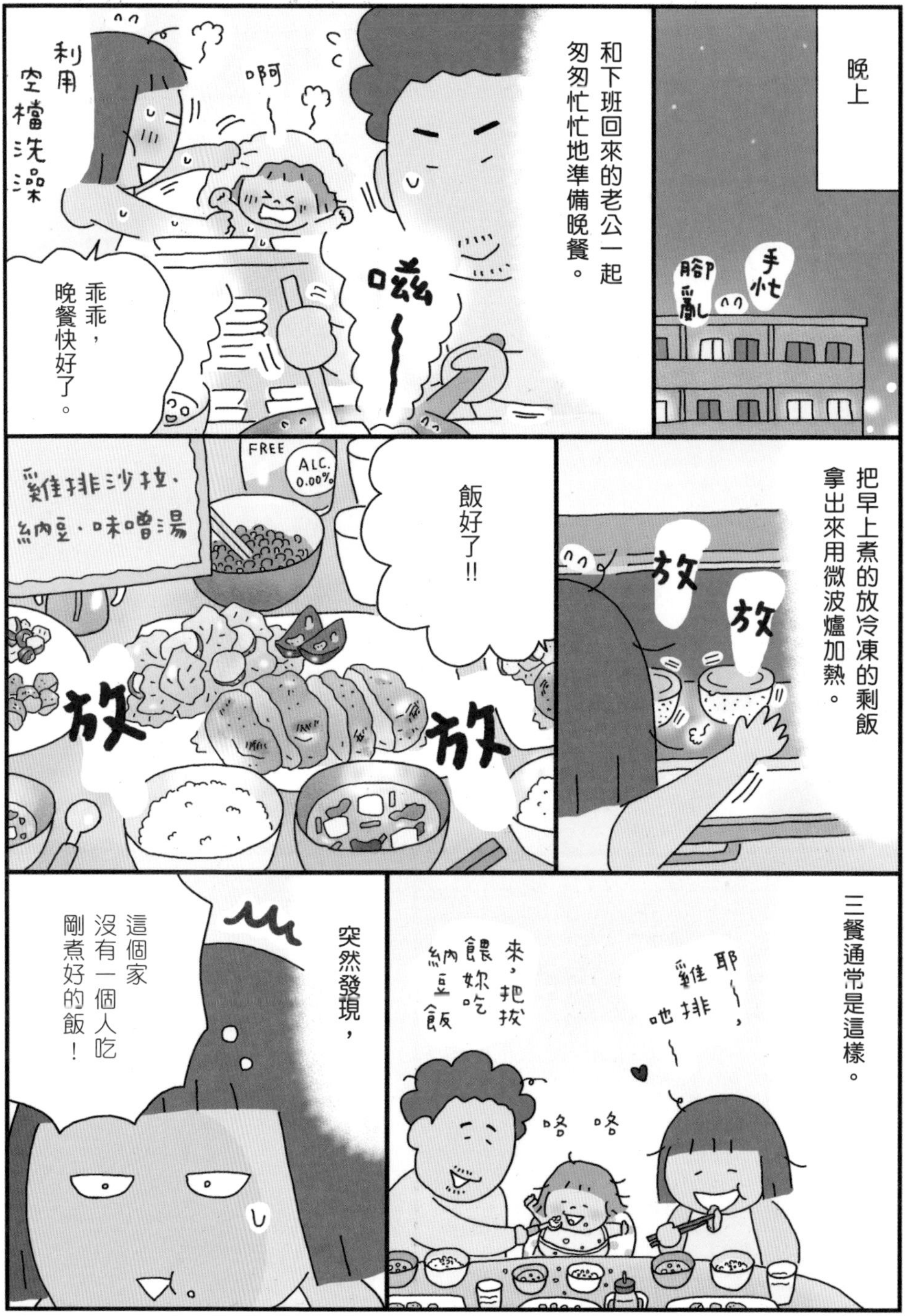
晚上
手忙
腳亂
和下班回來的老公一起匆匆忙忙地準備晚餐。
嗞~
啊
利用空檔洗澡
乖乖，晚餐快好了。
把早上煮的放冷凍的剩飯拿出來用微波爐加熱。
放
放
飯好了!!
FREE
ALC. 0.00%
雞排沙拉、納豆、味噌湯
放
放
三餐通常是這樣。
耶~，雞排~
吔~
來，把拔餵妳吃納豆飯
咯 咯
突然發現，
這個家沒有一個人吃剛煮好的飯！

告訴老公這件事。
我的便當用冷凍的飯就好了。
晚上再煮飯～
儘管如此，還是有點不安。
便當裡放加熱過的冷凍飯，要吃的時候會不會已經變硬了？
剛用微波爐熱好的時候，是很好吃沒錯。
要解決這個問題還是用這招最好!!
做成炒飯!!
可是，
嘿咻嘿咻！
咚
咚
嗞～
我不太擅長做炒飯。
覺得飯糊糊的，味道也太淡。
嗯～
嚐味道
炒飯便當很好吃 謝謝妳
泡菜豬肉炒飯的話，我倒是做得還不錯。
老公雖然吃得很開心，但我還是沒什麼自信。
可是氣味～

結果我還是經常在早上煮飯。
咻～
便當裡放白飯，再附上口味重一點的漬物或佃煮，食慾大增。
今天是海帶佃煮～
再放點芥菜的漬物。
少許
少許
這其實也是我的偏好。
可是我也想讓女兒能更常吃到剛煮好的飯，
這一天煮第二次飯
咻～
喀噠
喀噠
因此，晚上也經常會煮飯。
還是剛煮好的飯又軟又好吃～
小米好像也吃得比平常多
我也再來一碗。
不過這麼一來，冷凍的飯越積越多。
冷凍庫
庫存太多了～
於是，假日的時候就請老公做做炒飯，消耗一點庫存。
帥氣男的炒飯
滋
滋
老公很擅長做炒飯

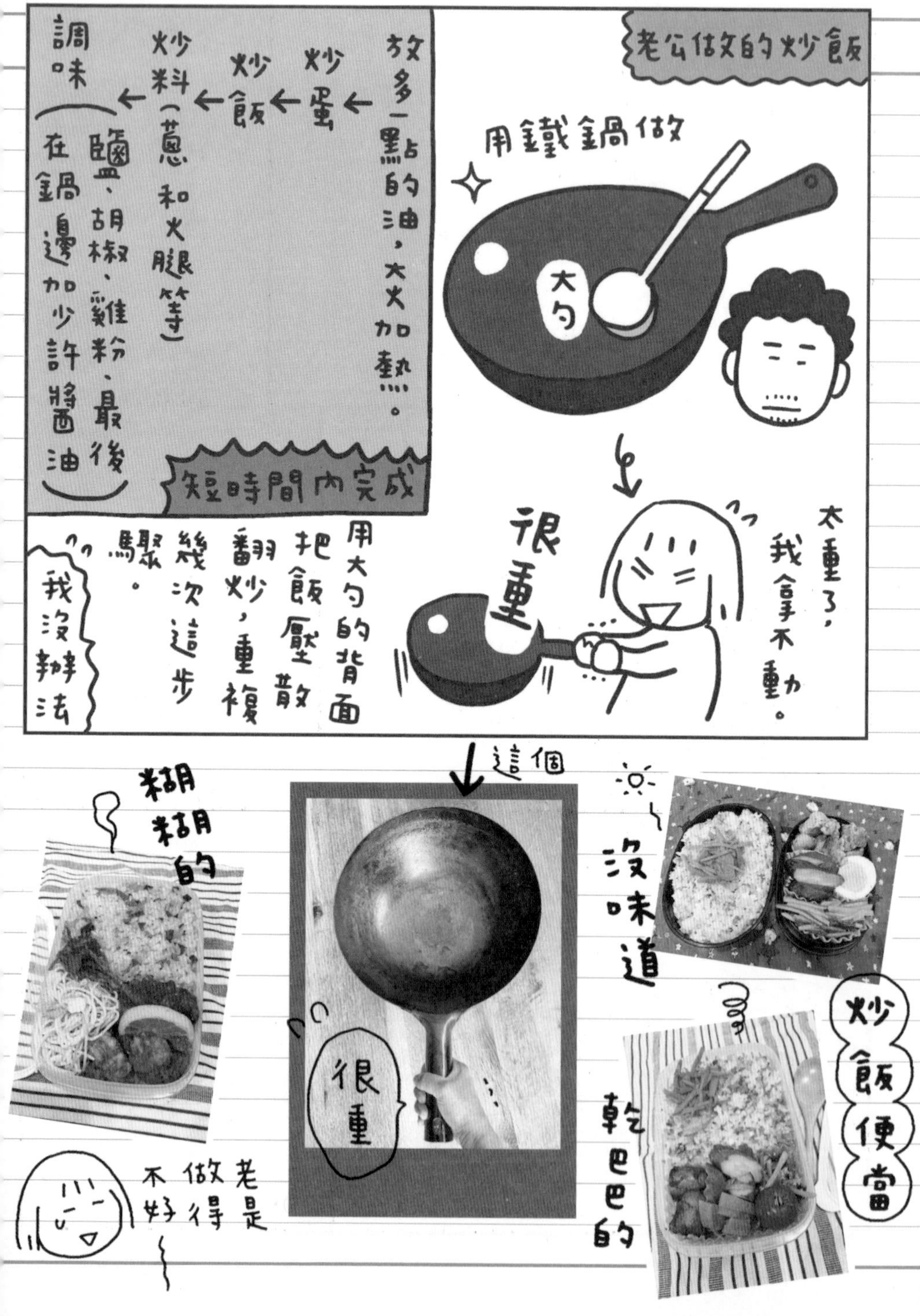
老公做的炒飯
放多一點的油，大火加熱。
← 炒蛋
← 炒飯
← 炒料（蔥和火腿等）
← 調味
（鹽、胡椒、雞粉、最後在鍋邊加少許醬油）
短時間內完成
用鐵鍋做
大勺
很重
太重了，我拿不動。
用大勺的背面把飯壓散翻炒，重複幾次這步驟。
我沒辦法
這個
很重
糊糊的
沒味道
乾巴巴的
炒飯便當
老是做得不好～

回老家時在新幹線上吃
「飯糰&燒賣」

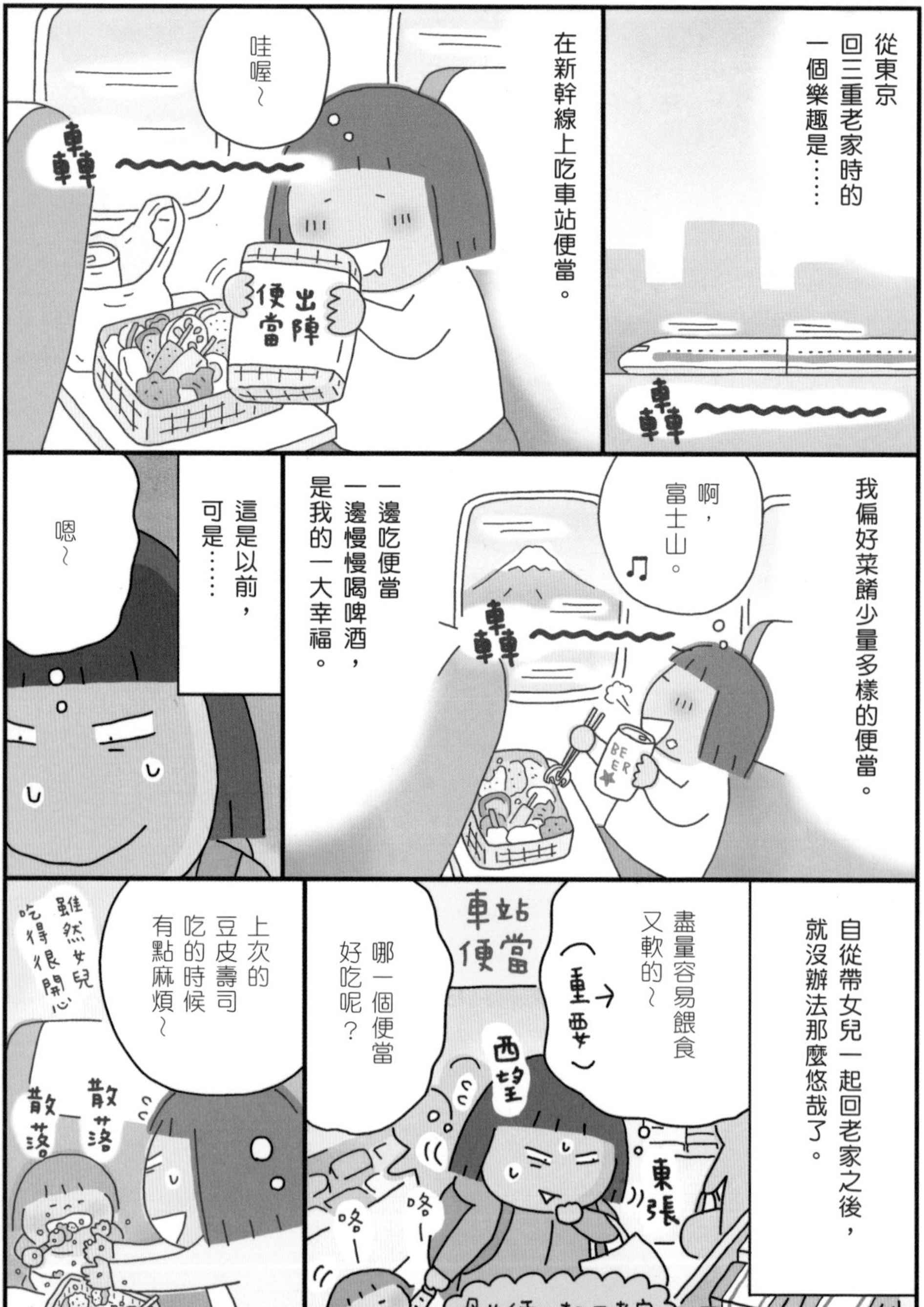

從東京
回三重老家時的
一個樂趣是……
轟轟
在新幹線上吃車站便當。
哇喔～
轟轟
出陣
便當
我偏好菜餚少量多樣的便當。
啊，
富士山。♫
轟轟
BEER
一邊吃便當
一邊慢慢喝啤酒，
是我的一大幸福。
這是以前，
可是……
嗯～
自從帶女兒一起回老家之後，
就沒辦法那麼悠哉了。
盡量容易餵食
又軟的～
（重要）
哪一個便當
好吃呢？
車站便當
東張
西望
咯
咯
母女倆一起回老家
上次的
豆皮壽司
吃的時候
有點麻煩～
雖然女兒
吃得很開心
散落
散落

這次買飯糰比較保險~
而且小米喜歡吃海苔
鮪魚
鮪魚
放
放
再買優格和果汁。
等一下嘛~
還有沒有什麼可以拿來當配菜的？
快點啦~
啊~
啊，燒賣吔。
橫濱名產!!
燒賣
燒賣
燒賣
燒賣
燒賣 崎陽軒
可是十五個有點多~
啊，有六個的小包裝!!
買這個就好了吧~
乖乖，我們要搭新幹線嘍~
呼~~
咚~
桌子~
砰
已經累了……
女兒似乎覺得一搭上新幹線就要吃飯。

沒時間休息，馬上開始準備吃飯!!
飯呢？
下一個停靠站是新橫濱站～
啪
啪
等一下嘛～
窸窸
窣窣
來吃飯糰～
裡面是鮭魚喔～
脆
脆
外面賣的海苔很脆的飯糰也很好吃。
還有菜喔～
這是妳第一次吃吧？
窸窸
窣窣
妳看，燒賣吔!!
崎陽
還附了大小剛好的扁平竹籤!!
轟～～
再淋點醬油～
切小一點～
來，啊～
啊～

女兒似乎很喜歡
這燒賣……
愛上了!!
這裡!!
這裡!!
要我把燒賣
放那裡，是嗎？
抓
100%
蘋果
好啊……
開始一個人俐落地
吃了起來。
大口吃
大口吃
叉
哇，
好棒喔～
可是
全部一個人吃，
太多了吧？
分馬麻一點吧
大口吃
大口吃
結果一個人
幾乎全吃光了。
轟
吸～
我也想
吃燒賣……
100%
果
嗚嗚……
下次要買
十五個的!!
看樣子以後搭新幹線
固定要吃燒賣了。
轟

在回程的新幹線上（名古屋↓東京）則喜歡吃YAMASA的豆竹輪!!
裡面有一口大小的竹輪十個和山葵漬。
山葵漬
豐橋
豆竹輪
喜歡吃竹輪
咬♡咬
竹輪上放點山葵漬
變成我的下酒菜♡
無酒精啤酒

也買燒賣便當帶去野餐
車窗
轟~
富士山吔~♡
崎陽軒
シウマイ
チャーハン
醬油瓶也很可愛~
表情各異
忍不住收集♡
Hyo醬

\ 新作 /

二世帶宅的「烤鮭魚便當」

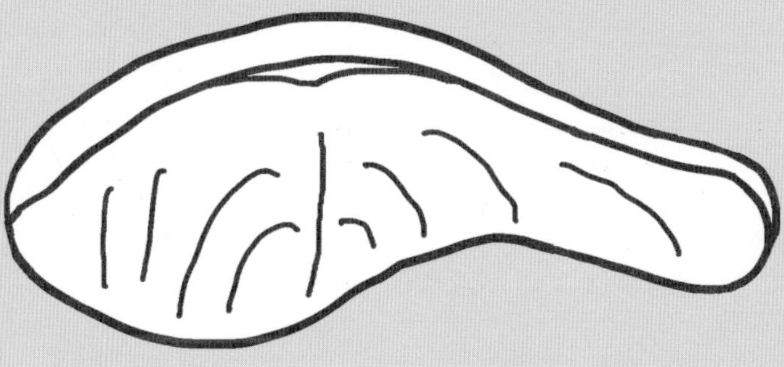

之後，我依舊每天幫老公準備便當，過著平淡的生活，
這是你的便當。
那我去上班了~
謝謝~
路上小心喔~
但是這樣的生活有了大變化!!
搬家
老公的老家原本是婆婆一個人住，改建之後，我們搬回去和婆婆一起住。
哇~新的廚房!!
喀ー
還有洗碗機~
3F
我們住的樓層和婆婆的分開，但是裡面相通。
2F
我們要去買東西~
奶奶~
也經常一起去採購。
喀
喀
噗~~
我要大採購嘍!!
我的冰箱裡也都空空的~
家庭成員增加了，女兒的食量也變大了，所以最近買東西的量也增加了。
嘎啦
嘎啦

豬五花肉特價吔!!太好了!!
買大盒的回去!!
這半片裝的鹽鮭魚，看來品質不錯。
可以分我一些嗎？
蛋也買兩盒好了～
鹽鮭魚
那再買一個好了。
很多～～
真的買了很多～
我們家依舊經常買豬五花肉和鹽鮭魚……
勤快
勤快
買回來以後，老公總是很勤勞地幫忙分裝，
放冷凍庫保存備用。
和婆婆分享
這是給您的。
這是豬五花肉～
哇～謝謝～
麵包，這樣夠嗎？
冰箱裡有這豬肉和鮭魚，我就放心多了……
唉呀～
啾……
啾……

不知不覺又睡著了，糟糕!!
便當裡放什麼菜好呢？
慌亂
慌亂
再拿這個出來用好了!!
早上沒時間，只要有這兩樣東西，
香草
嘎啦
把肉炒一炒，可以做成豬五花肉燒肉便當。
放在飯上很多～!!
用這個調味
烤肉醬
或者做成烤鮭魚便當。
今天用鮭魚吧～
咻
鮭魚只要解凍烤一烤就行了，而且搬家以後烤鮭魚變得更輕鬆了。
解凍～
嗶
嗶
因為瓦斯爐有自動雙面燒烤的功能。
鏘～～!!

選魚片模式，
然後點火!!
按
轉轉
GRILL
燒烤
魚乾
魚片
整體烤
較強
標準
較弱
自動
強弱調整
不用翻面就可以烤得很漂亮，
因此可以利用這時間
做其他的菜。
今天做白煮蛋
就好了。
以前煮蛋的時候，
時間都是抓個大概，
新瓦斯爐有計時的功能，
所以現在我會
確實設定時間。
12分
高溫炒
嗶
嗶
12分……
從冷水煮開始
還有沒有什麼菜
可以放啊？
啊，
對了!!
昨天婆婆給我們的
煮羊栖菜還有剩~
一起住之後，
婆婆有時會分給我們她做的菜。
做太多了，
幫忙吃一點吧~
打開
嗶
嗶
便當裡放了煮物，
果然澎湃多了~
太感謝了
啊，
鮭魚也
烤好了!!

鮭魚便當大約15分鐘就完成了!!
嗯，鮭魚和白煮蛋看起來也很美味!!
路上小心~
我去上班了~
把拔~
烤鮭魚的時候，有時我會多烤一片。
因為女兒很愛吃鮭魚。
哇~鮭魚吔!!
中午吃鮭魚茶泡飯好不好？
好啊!!
嗯
還有點燙，要小心喔！
耶~
耶~

我可以吃鮭魚的皮嗎？
可以啊～
女兒特別喜歡吃鮭魚皮。
好好ㄘㄨ喔～
咬
咬
好像零食。
零食？
直接用手拿
因為女兒很喜歡吃鮭魚，所以晚餐也經常有鮭魚。
今晚是鮭魚定食
豬五花肉也經常用在各種料理上，
豬五花肉炒豆芽
豬五花肉番茄燉菜
豬五花肉排
庫存已經所剩無幾。
一點點……
差不多該去採購了，不然很多東西都沒了。
很快就沒有了～
我正好也想買一些東西～
米和油也沒了
我的零食呢？
搬家以後，準備便當比以前輕鬆了些，
那我們就去大採購嘍!!
另一方面，家裡也變熱鬧了。
咯—

自動燒烤很輕鬆♫

很適合配白飯!!

分享給我們

婆婆做的蘿蔔絲乾煮物♡

很喜歡鮭魚便當

開始上幼稚園！

「小米的便當用品」

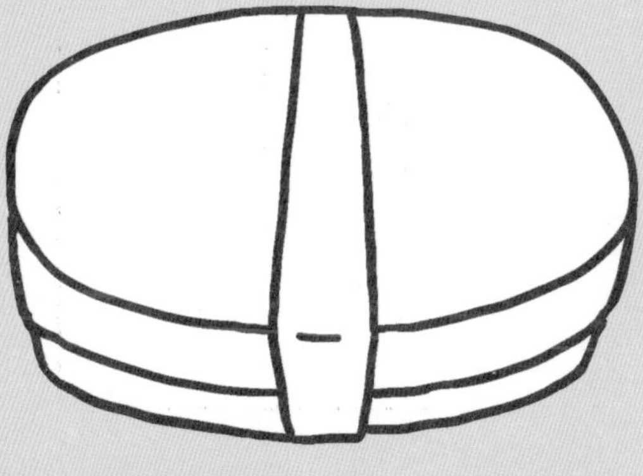

時間過得很快，女兒今年春天要開始上幼稚園了!!
小班
這家幼稚園必須自己帶便當，所以現在正忙著準備各項用品。
天冷的時候，便當會加熱，請準備適用保溫器的便當盒～
嗯嗯……
還有水壺、餐具組、杯子、便當袋、便當束帶……
請分別寫上名字……
我念幼稚園的時候，是用什麼樣的呢？
對了，便當盒和水壺上面是昭和復古風的女孩圖案，
鋁製便當盒
Mimi
便當袋則是媽媽手作的束口袋。
桃子班
高木直
比我早上幼稚園的姊姊也有這類的用品，
我的便當盒吔，太好了!!
所以我非常開心終於有屬於自己的。
跳躍
跳躍
可是便當袋不太可愛，我不是很喜歡。
沒想到記憶這麼鮮明。
上面是莫名其妙的圖案～
對了，我記得便當束帶就只是把一般鬆緊帶打個結而已!!

我想幫女兒備齊她喜歡的便當用品，於是來到店裡。
哇~
好多可愛的便當盒喔~
便當盒專區
不過還是買小米喜歡的卡通圖案吧？
麵包人
這便當盒好小~
收銀台
夠嗎？
小小一個
建議先用小一點的便當盒，幫助小朋友建立吃完的自信。
入園須知上面這麼寫!!
便當袋也有各式各樣很可愛的……
可是相對於這個便當盒，每個都有點太大。
會跑來跑去……
不好放的話，又擔心女兒會打翻……
慢吞吞
笨拙
預想
哼哼~
滑
啪嚓~~
因此決定和媽媽一樣自己做便當袋。
買了可愛的布回來~
花朵圖案

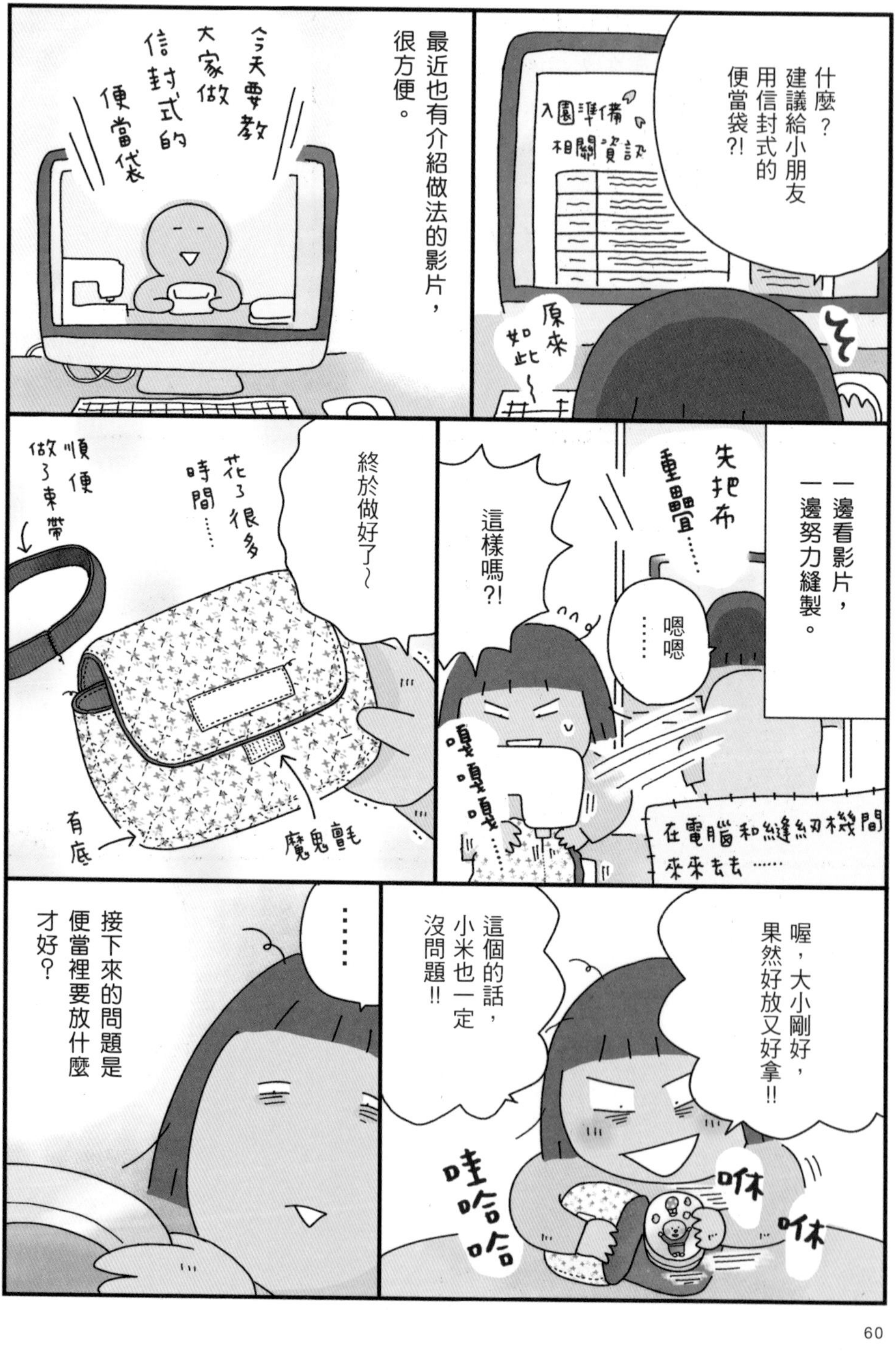
什麼？建議給小朋友用信封式的便當袋?!
入園準備 相關資訊
原來如此~
最近也有介紹做法的影片，很方便。
今天要教大家做信封式的便當袋
一邊看影片，一邊努力縫製。
先把布重疊……
嗯嗯……
這樣嗎?!
嘎嘎嘎……
在電腦和縫紉機間來來去去……
終於做好了~
花了很多時間……
順便做了束帶
魔鬼氈
有底
喔，大小剛好，果然好放又好拿!!
這個的話，小米也一定沒問題!!
咻
咻
哇哈哈
……
接下來的問題是便當裡要放什麼才好？

女兒不太挑食，
基本上什麼都吃，
嚼
嚼
嚼
但不是自己主動
大吃特吃的那一型，
都吞下去了嗎？
要吞下去喔
嚼~
嚼~
總是要人在一旁幫忙，
來，再一口~
小米這樣真的可以一個人吃便當嗎？
不安……
而且吃得超慢……
得把菜弄得容易入口才行~
散散的菜，嫌麻煩一定不吃!!
於是買了好幾種可愛的小叉子。
菜盡量用叉子叉著……
和分隔杯
便當用品總算準備齊全，
好可愛喔~
咚ー
好擔心喔~
但我也充滿不安。

女兒的便當用品大致準備齊全了，但是……
實際帶便當之後，
哇～，便當袋弄髒了。
明天以前會乾嗎？
很厚
早上
噫，裝杯子的袋子不見了。
去哪裡了？
結果又做了一個袋子
束帶也不見了～
嗄嗄嗄……
教訓
便當用品有備用的才放心!!

最初買的便當盒

很小!!

杯子和裝杯子的袋子

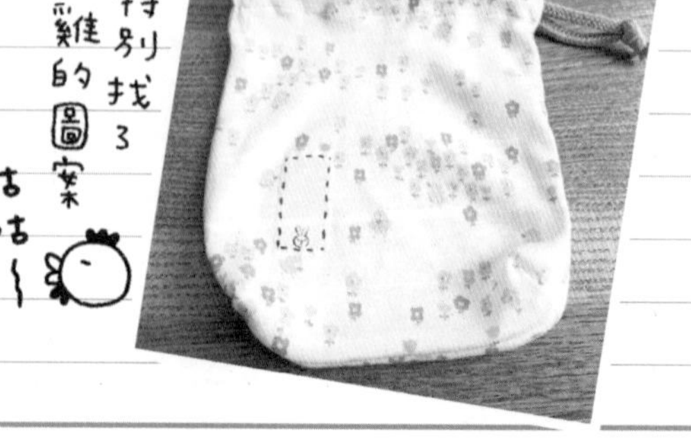

特別找了雞的圖案

咕咕～

人有歷史

「我的便當也有歷史」

回顧一下
我帶便當的歷史，
這是妳的便當～
星期一
幼稚園的時候很期待
每週一次可以吃到媽媽做的便當。
上小學之後，
學校有營養午餐。
大口吃
大口吃
也很喜歡吃營養午餐♥
不過遠足或運動會這類特別日子，
則是自己帶便當。
哇～，
有炸雞塊吔～
這時候媽媽經常會放
切成對半的橘子，
和切成兔子形狀的蘋果。
甜點
當時幾乎沒有什麼
造型便當，
哇－
像花一樣的橘子
還有兔子～
我覺得這可愛極了。
上了國中以後，
每天都得自己帶便當。
賀入學
另一半大概在姊姊的便當裡

於是我開始和大一歲的姊姊一起準備便當。
我來做玉子燒～
那我炒小香腸～
也學會用冷凍食品或調理包。
迷你漢堡排
螃蟹奶油可樂餅
肉丸子
這個炸魷魚和咖哩可樂餅很好吃～
冷凍食品
可以再買嗎？
可以買冷凍炒飯嗎？
可以啊～
媽媽很大方地買給我們
嚐嚐看各種商品也很有趣。
這種生活持續了六年，直到高中畢業。
24歲一個人上東京之後，經濟拮据，所以去打工的時候，也經常自備便當。
要遲到了～
嗞——
嗞——
妳的菜只有炒豆芽喔?!
夠嗎？
人家經常對我寒酸的便當感到吃驚……

盡可能買大又便宜的法國長棍麵包回來，裡面只夾蛋。
很大～
再加個優格
有時候也帶炒飯～
很多～
NOODLE
再加個泡麵
小亞，你小時候的便當是怎麼樣的？
我從幼稚園到國中都是吃學校的營養午餐，所以對便當沒什麼記憶。
國中也是營養午餐喔?!
可是遠足和運動會的時候，是自己帶便當吧？
嗯～說得也是，
可是一點都想不起來～
那高中和大學呢？
高中和大學也是在學校的餐廳吃。
高中就有學校餐廳喔？
好羨慕喔!!
很嚮往學校餐廳
你都吃什麼？
大約多少錢？
啊，就A定食或B定食嘛……
300圓左右吧？

對了，高一的時候，不知道為什麼被禁止去學校餐廳吃飯，所以是自己帶便當。
哦
可是早上有社團的練習，結束之後肚子很餓，所以第一堂課結束就把便當吃掉，中午再去福利社買麵包吃。
狼吞虎嚥
橄欖球社
很多
麵包~
哇喔，高中男生……
可是便當裡面都放什麼呢？
大概是飯糰吧……
好像裡面經常有肉丸子……
嗯~……
可能根本沒仔細看就狼吞虎嚥吃光了……
這麼說來……
現在是你人生中最常帶便當的時期？
啊~說得也是！
謝謝妳~
人有人生，便當也有它的歷史!!
關於便當，你的回憶又是如何呢？

我上共享辦公室工作的那時期，也自己準備便當。
結婚前37～39歲期間
今天帶便當過去吧～
哼哼～
心血來潮的時候才會做，而且盡是放自己喜歡吃的東西。
事隔多年再看看那時候的照片，不由得嚇一跳!!
菜色多樣，營養均衡!!
而且好像做得很開心!!
那時候應該是時間和心情上都有餘裕吧。

種類豐富多樣?! 上共享辦公室工作那時期的便當

女兒開始要帶便當上學！先在家練習吃便當

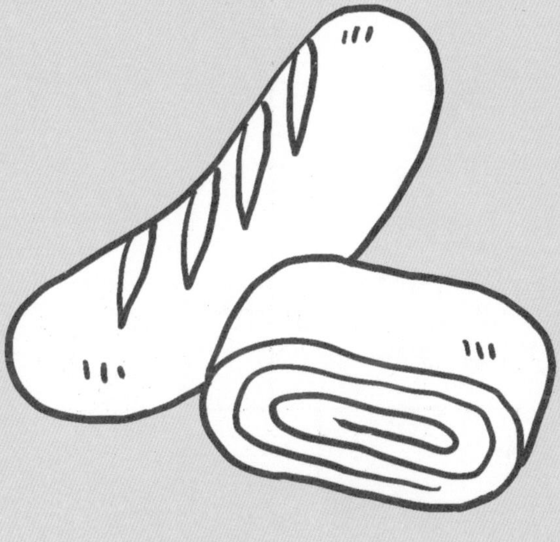

女兒終於上幼稚園了!!
暫時只有上早上半天，可是……
下個月開始要帶便當了……
我得先練習一下才行……
行事曆
於是我利用女兒去幼稚園的時間，在家裡試做便當。
捏
捏
嗞～
鏘!! 今天的午餐是……
便當!!
拿給從幼稚園回來的女兒看。
哇～便當吔!!
妳自己會開嗎？
咚—
打開
哇—
我先試做很單純的便當，裡面放飯糰、玉子燒和小香腸。

哇～好可愛喔!!
大口吃
大口吃
喔，吃起來了！
呼
沒想到不一會兒。
嘿～，便當還沒吃完吔!!
躺～～
妳看，每一個飯糰的口味都不一樣喔。
這個是梅干，這個是香鬆。
抱
妳喜歡哪一種？
這樣用手拿著看看～
小米，妳有沒有在聽啊？
發呆～～
掉落
女兒經常會吃飯吃到一半開始玩了起來或發呆。
拿妳沒辦法……
來～啊～
如果在幼稚園也這樣，該怎麼辦？
嘈雜
嘈雜
躺～～
不安……

我不由得擔憂起來，之後又練習做了幾次便當。
努力
努力
今天把整個配色弄得很漂亮。
再加個糖果形狀的起司球，讓女兒開心一下。
Candy Cheese
哇~好可愛喔!!
糖果吔!
女兒果然很高興，可是……
啊，小米!!
才吃了一下，又開始打混了。
滾
滾
啊嗚~
也努力做了美味的漢堡排，可是……
結果還是一樣。
小米!!

又買了一個便當盒

為什麼總是不好好坐著把飯吃完呢？
是肚子不餓嗎？還是不好吃？
嗯～～
記得小時候，我總是狼吞虎嚥般大吃特吃。
這是有兄弟姊妹和獨生女的差別嗎？
要細嚼慢嚥喔～
大口吃
狼吞
虎嚥
也買了做可愛便當的食譜，可是……
嗯～
可愛的幼稚園小朋友便當
滿載創意
我沒辦法每天做這種便當!!
兔子和小雞玩捉迷藏便當
彩色飯糰
星空焗飯便當
開心三明治卷
如果在幼稚園，小米應該就會一個人好好吃飯了吧？
大概也沒有人會餵她吃～
……
嗚嗚，希望如此。
不知不覺間，明天終於要開始正式準備女兒的便當了!!

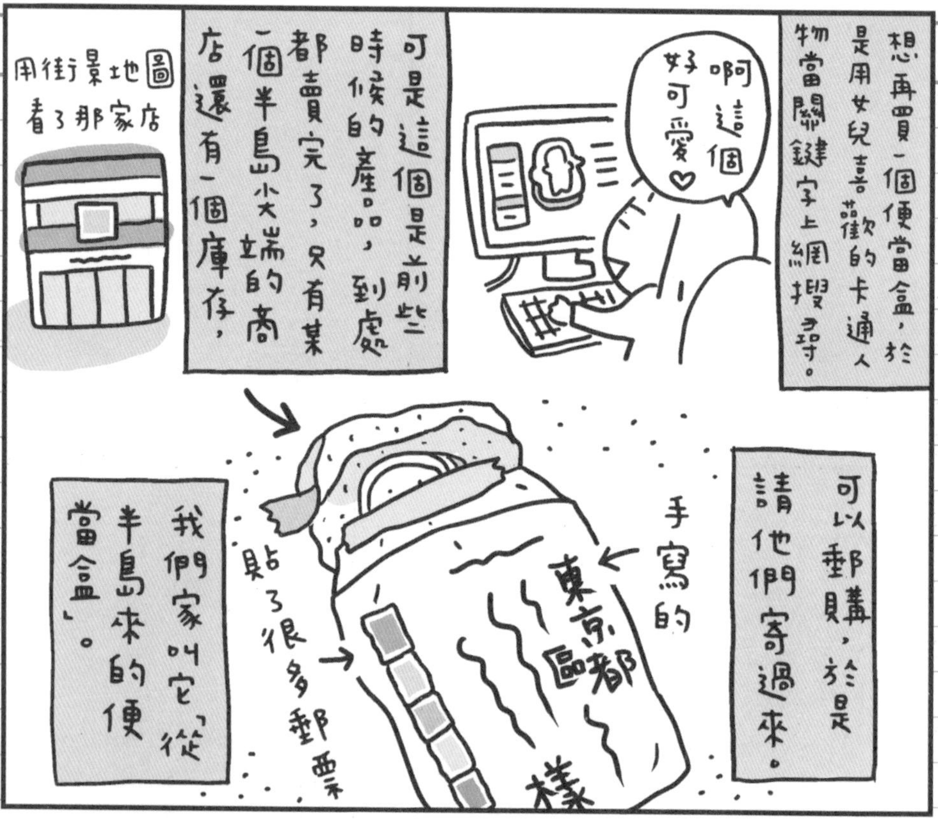
想再買一個便當盒，於是用女兒喜歡的卡通人物當關鍵字上網搜尋。
啊這個好可愛♡
可是這個是前些時候的產品，到處都賣完了，只有某個半島尖端的商店還有一個庫存，
用街景地圖看了那家店
可以郵購，於是請他們寄過來。
手寫的
東京都區
樣
貼了很多郵票
我們家叫它「從半島來的便當盒」。

要擺得很可愛很難……
加油～!!
加油～～!!
我也一起吃吃看
在家練習吃便當

早上5點開始準備
「女兒第一天的便當」

今天是女兒第一天帶便當去幼稚園的日子!!
啾……
啾……
我很賣力地早上5點就開始準備便當。
嘿咻
嘿咻
雞肉用叉子刺過，大概比較好咬碎。
刺
刺
刺
刺
嗞~
因為女兒的咀嚼能力還不是很好，
乾蒸，做成鹹甜口味~
味醂：2
醬油：1
嗞~
切成小塊，用叉子叉起來，就成了迷你燒雞!!
不錯吧?!
小小一個
軟和小是小米的便當菜的基本原則。
想做在食譜中看到的海苔起司卷。
起司片上放海苔捲起來之後切段
一圈一圈的很可愛♥
哎喲~，起司破掉了，根本捲不起來。
為什麼~?
裂開
裂開
不知道是不是我的手太笨了，老是失敗。

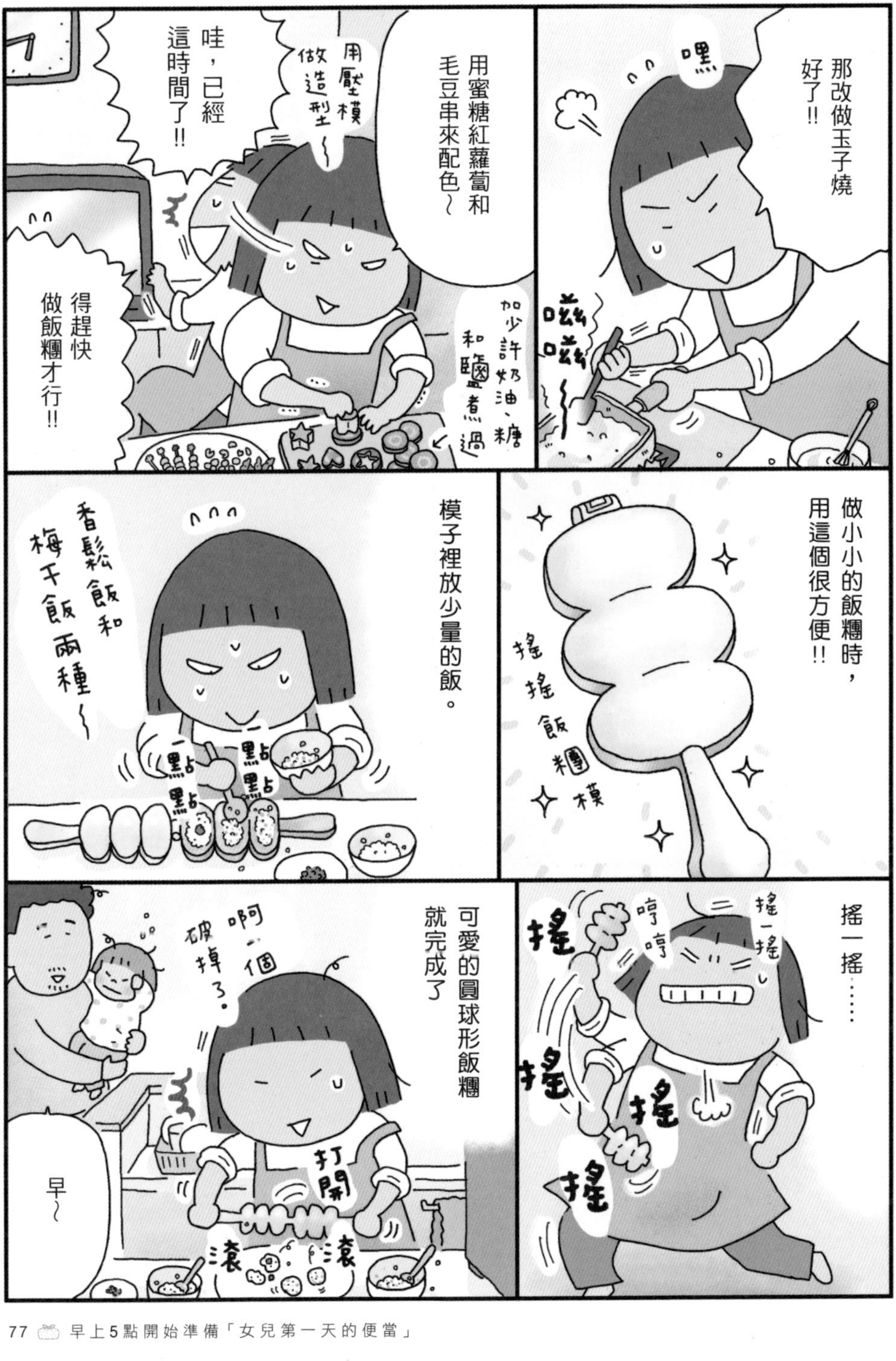
那改做玉子燒好了!!
嘿
滋滋~
用蜜糖紅蘿蔔和毛豆串來配色~
用壓模做造型~
加少許奶油、糖和鹽煮過
哇，已經這時間了!!
得趕快做飯糰才行!!
做小小的飯糰時，用這個很方便!!
搖搖飯糰模
模子裡放少量的飯。
香鬆飯和梅干飯兩種~
一點點
點點
搖一搖……
搖一搖
哼哼
搖
搖
搖
搖
可愛的圓球形飯糰就完成了
啊一個破掉了。
打開
滾
滾
早~

再來一次!!
搖
搖
搖
把睡衣脫下來~
然後把做好的東西放進便當盒裡。
快點快點~
啊~
剩餘的和做壞的放進老公的便當裡
放
費事
瑣碎
總算做好便當，讓女兒帶去幼稚園。
呼~好累喔
其他小朋友都帶什麼樣的便當呢？
有沒有小朋友帶很可愛很可愛的便當呢？
例如造型便當
好想看看喔~
開動了~
咯
咯
我
好想變成透明人去看看大家的便當是什麼樣子!!
想著想著，不知不覺就到了下午2點接小孩的時間。
嘻嘻
哈哈
嘻嘻
哈哈

到家以後，悄悄地打開女兒的便當盒。
哇，吃得一乾二淨!!
空空的
小米，妳便當全部吃完了？
是啊，吃得亮晶晶的～
哇～好棒喔!!
馬麻，妳高興嗎？
馬麻好高興好高興喔!!
抱緊
小孩把便當吃光光，
真的是一件令人開心的事。
謝謝～
老師有餵妳吃嗎？
沒有，我自己吃的。
全部都是自己吃的？
好想看看小米吃我做的便當的樣子!!
超想參觀幼稚園的便當時間。

後來知道起司片回常溫後比較容易捲
海苔起司卷之外……
火腿在外面
火腿起司卷也做了
啊有點破掉了
慢慢捲……
冰過之後再切。
這樣可以切得比較漂亮
可是我的手太笨了，要花很長的時間，所以漸漸地就不太做了。
市面上也有賣起司卷
起司in

吃光光～
好高興喔……
女兒帶去幼稚園的便當
圓滾滾的飯糰……

一個月之後

大大反省

女兒開始帶便當上幼稚園，已經過了一個月。
嗯嗯～
依舊很費事費時。
啊～又碎了!!
南瓜很難用叉子叉住～
掉落
只準備老公一個人的便當的時候，最快十五分鐘就可以做好。
今天是豬肉蓋飯便當～
現在得花兩個小時以上。
嗚嗚～這麼小的便當……
為什麼這麼花時間呢？
費時
瑣碎
老公的
以前早餐是我和老公輪流做。
還得做飯糰～
……
慌亂
慌亂
魩仔魚
海帶芽
可是我實在忙不過來，現在變成每天由老公準備早餐。
搖
搖

在角落做，免得妨礙我。

雖然是在一片慌亂中做出來的便當。
我今天也把便當吃得亮晶晶的～
哇～小米好棒喔!!
好乖好乖
馬麻妳高興嗎？
嗯，高興啊～!!
幸好女兒都會全部吃完。
哇，真的吃得一乾二淨!!
連有點擔心她不吃的南瓜煮物都吃完了!!
打開
只要用叉子叉著放進便當裡，女兒好像什麼都吃。
抿嘴一笑……
我這麼想……
那蘿蔔的煮物呢？
喔，全吃光了!!
空空的
青椒和小香腸呢？
喔，這也沒問題!!
太好了～
空空的

某一天早上……
嗞~~~
幫老公做了培根炒茄子……
呵呵
也放一點進去小米的便當裡看看。
用叉子叉著……
女兒不太喜歡吃茄子。
放進便當裡，不知道吃不吃？
下午兩點去接女兒。
小米!!
哇—
哇—
小米一直吃便當吃到剛才~
哇—
哇—
蛤?!
我跟她說如果吃飽了，剩下也沒關係，可是她堅持要吃。
……

小米，是這樣嗎？
便當吃不完，剩下也沒關係啊。
可ㄙㄨˋ，馬麻……
沒跟我說可以剩下!!
!!
哇—
今天也吃光光~
全部都吃光光~
馬麻好高興喔~
這是小米的便當~
小米好棒喔~
謝謝~
看來我似乎不知不覺間給了女兒壓力……
她平常就吃得比較慢，便當的量如果再少一點……
我大人地反省……
要放小米喜歡吃的東西，量不可以太多，而且要弄得很可愛~
嗯……
費事
搞工
於是我回歸初心，但準備女兒的便當依舊很花時間。

把菜全都用叉子叉起來
毛豆
配色的好食材
可是很容易裂開
大紅豆
平常不太吃，不過用叉子叉著就會吃。
鮭魚
愛吃的鮭魚也切成一口的大小!!
豬五花肉
不好咬碎的肉類切成小片，層層疊起來!!
小香腸炒青椒
交互叉上，更可愛♡
魚板&起司
剩餘的就給老公帶便當♡
……
小小一個

我以為只要用叉子叉著，女兒就什麼菜都吃。
放太多了……
反省……

\ 新作 /

用小道具加分！「女兒的便當」

開始幫女兒準備便當以後，
我變得……
哇~
便當用品
這家店的商品種類很多~
很愛逛便當用品區。
哇喔~好可愛的叉子!!
模子也很可愛~
分隔杯的種類也很多~
準備老公的便當的時候……
著重在量!!
肉!!
飯!!
很大
很大
很大
和準備女兒的，心情截然不同。
可愛~
小小的~
容易進食~
一點點
一點點

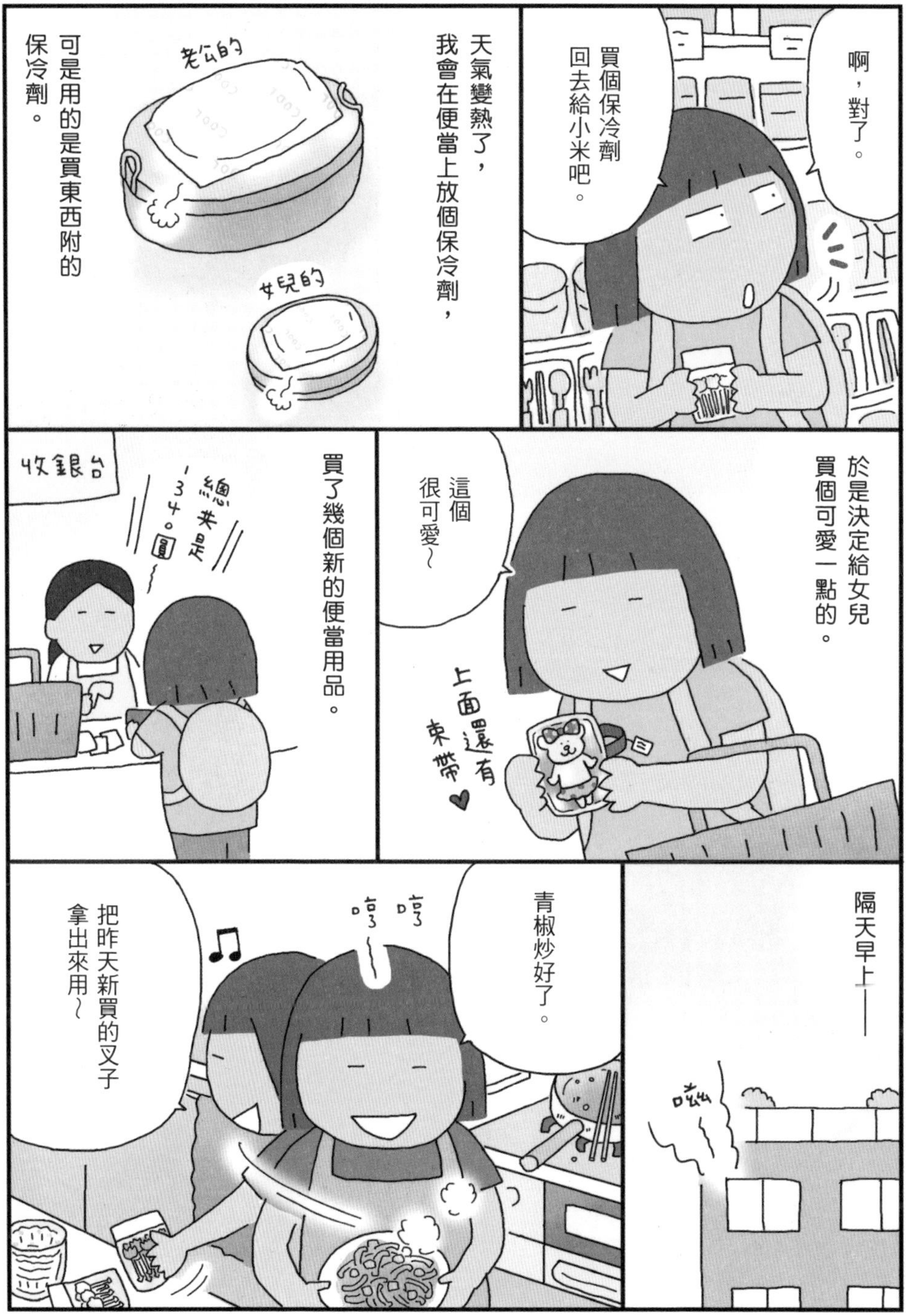
啊，對了。
買個保冷劑回去給小米吧。
天氣變熱了，我會在便當上放個保冷劑，
可是用的是買東西附的保冷劑。
老公的
女兒的
於是決定給女兒買個可愛一點的。
這個很可愛～
上面還有束帶♥
收銀台
總共是1340圓～
買了幾個新的便當用品。
隔天早上——
咻
青椒炒好了。
哼哼～
把昨天新買的叉子拿出來用～

哎呀！
太粗了，不好叉。
嘿嘿
叉子的種類也很多……
較粗
較短
裝飾較大
可是有的其實不好用。
今天還是用平常用的吧～
結果老是用喜歡的叉好用的。
這個→
昨天買的分隔杯也很可愛，
可是對小米的便當盒來說，太大了。
分隔杯還是用平常用的好了～
分隔杯也不由得用大小剛好而且中意的矽膠杯。
這個→
清洗後
可以不斷重複使用
嗯～結果還是跟平常的便當沒什麼兩樣。
沒關係吧～

天冷的時候會把準備好的便當擺在窗邊放涼，
呼～
天氣熱的時候，則放在電風扇前面吹涼。
呼～
然後，
嘎啦
我們家的陽台有種一點香草，
巴西里除了當裝飾之外，聽說還有殺菌效果，
呵呵呵，採收～
摘
摘
所以有時也會放進便當裡。
最後是放保冷劑。
對了
小米的保冷劑今天開始用新的。
嘎啦
啊，我也買了新的便當袋。
LUNCH
哦？

這個也是保冰袋，所以保冷劑的效果可以比較持久。
原來如此
放在這裡面，萬一汁液漏出來也不用擔心。
大小剛好
老公和女兒都出門了。
嘻嘻
哈哈
掰手掰手～
呵呵，小米打開便當袋看到新的保冷劑，會不會嚇一跳呢？
搞不好還跟小朋友獻寶呢。
擦
擦
對了，差不多該買帶便當時要用的筷子了。
現在
只有湯匙和叉子
哇～筷子的種類也好多。
好可愛喔～
要挑卡通人物圖案的嗎？
是不是買有叉子和湯匙的比較好呢。
可是會不會太重了？
NET SHOP
我看還是和小米一起去挑比較好～
我常常想買新的便當用品。
我回來了～

開心
開心
馬麻，今天便當的那個冰冰的是新的吧～
是啊，妳喜歡嗎？
嗯，很可愛～
明天我也要用那個～
好啊～
看她那麼高興，真的是買對了。
耶～
耶～
感動～
便當也都吃完了
蹦
蹦
而老公也……
這個便當袋真好用!!
到了中午，保冷劑還是冰冰的，而且很好拿。
真想再買一個替換著用!!
最近買的東西當中最好用的!!
LUNCH
大肆讚賞新的便當袋，
是喔？
便當用品讓人心花朵朵開!!
下次再去逛逛。

以前老公買回來了一個木製的便當盒。
雙層式
用這個，感覺更好吃～～。♡
老公很喜歡，可是……
雙層的便當盒要裝滿很難……
擺不滿……
發霉了!!
嗚嗚，沒晾乾就收起來了，才會這樣。
再買一個新的好了……
等一下 等一下!!
如果要買新的，我建議買一層的就好!!
因此現在常用的是一層的木製便當盒。
洗好之後，馬上擦乾!!

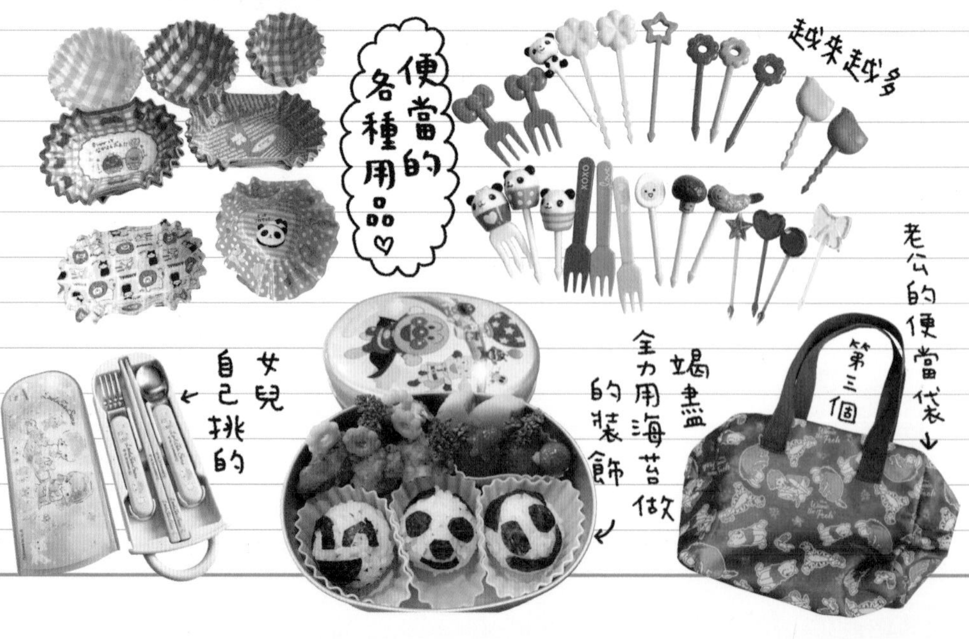
便當的各種用品♡
越來越多
老公的便當袋↓
第三個
竭盡全力用海苔做的裝飾
女兒自己挑的

少了重點菜色時的
「炒茄子便當」

今天也一早就忙著準備老公和女兒的便當。
瑣碎
瑣事
總算把蘆筍豬肉卷做好了。
弄了好久……
呼~
不知道吃不吃~
便當裡的肉咬不碎，吃到一半就吐出來了。
糟糕!!
另外一天。
很想放小番茄點綴一下顏色~
小小的，而且去了皮，應該沒問題吧~
用叉子叉著~
沒想到去幼稚園接女兒的時候……
馬麻~
為什麼穿運動服呢？
咬小番茄的時候，裡面的汁噴出來把衣服弄髒了。
糟糕!!

還有另外一天。
唉呀，習慣性地放了胡椒!!
不過只有一點點應該沒問題吧~
合手
合手
馬麻，妳今天放了胡椒齁？
太辣了，我不敢吃。
被妳發現了!!
得再小心點，不然常會出錯。
嗯嗯嗯~
今天是番茄醬口味的雞肉和加了海苔粉的玉子燒……
還有魚板和三種飯糰……
這樣應該可以吧!!
哈哈哈
可是一看老公的便當，好像缺了重點菜色，而且空隙也很大。
!!
空隙很大~

怎麼辦？得再幫老公加一道菜進去才行！
窸窸
有沒有什麼東西可以拿來用~
口味重一點的，很快就可以做好的，而且要能填滿那個大空隙的。
窣窣
太好了，有茄子!!
這種時候我經常用的食材是茄子!!
先把茄子切成圓片。
咚
咚
平底鍋裡放麻油，把茄子炒一炒。
嗞~
隨喜好加進大蒜和朝天椒
用醬油和醋調味。
嗞~
嗞嗞~
醋 醬油
1：1
早~
哇
咳
咳
咳
咳
劈里啪啦
每次做這道菜都會被醋的蒸氣嗆得咳嗽……

炒到茄子變軟，紅燒醋茄子就完成了!!
我覺得這道菜超下飯的，所以經常做。
放進空隙裡。
放
放
中午的時候。
叮—
♪
0:23
LINE 小亞
謝謝妳為我準備了便當♥♥
茄子的汁滲進飯裡，非常好吃。
很多，現在嘴巴還麻的。
哈哈哈。
老公今天也把便當全吃完了!!
但是……
!!
打開
小米，妳飯糰只有吃一半……
玉子燒也是……
……
不知為何女兒漸漸地會把一些東西剩下來。

其他我也覺得很下飯的便當菜
秋葵
汆燙一下，切塊，
加入剁碎的梅干、少許麵之友，攪拌一下。
有時也會用苦瓜代替
切片，加鹽抓幾下後汆燙。
沒食慾的夏天經常做這道菜。
給老公吃

嗞
經常登場的茄子料理
超愛吃茄子

為什麼剩下不吃呢？
「女兒的便當之謎」

女兒開始會把便當剩下，讓我很傷腦筋。
量應該不多，而且也很容易進食呀～
問題出在哪裡呢？
我是一個非常喜歡吃便當的小孩，也不記得自己曾經把便當剩下來，所以沒辦法了解那種心情。
我念幼稚園的時候
大口吃
大口吃
大口咬
說不定是我不記得而已，其實我也曾經把便當剩下來，讓媽媽傷透腦筋。
我來問問看
嗶
媽媽
媽～我上幼稚園的時候，妳有幫我做便當，對不對？
對啊～
那時候我有沒有把便當剩下過？
怎麼可能剩下？妳每次都是吃得一乾二淨!!
哇哈哈
回家以後還一直喊肚子餓!!
拍
拍
哇哈哈哈
……
據說是這樣。

不過我倒也想起來。
對了，有一次飯上面放了櫻花鬆很可愛，我好高興～
甜甜的很好吃
連忙買回來櫻花鬆，做成粉紅色的櫻花鬆飯糰。
櫻花鬆
和其他兩種
本來想女兒喜歡粉紅色，應該會高興的。
哇～粉紅色的飯糰～!!
哇—
那天女兒回來，
馬麻……
今天妳給我帶粉紅色的飯糰，對吧？
是啊。
怎麼了？
以後……
不要再放那種東西!!
沒想到這麼不受歡迎。
唉呀，只吃一口就沒吃了。

小米，妳最近會把便當剩下，
不是粉紅色飯糰的時候也一樣
是因為量太多，還是不好吃？
飯糰放太多，會吐，
只有白飯我也吃不下。
到底是怎麼回事？
飯糰整個放進嘴裡會卡在喉嚨，吞不下去。
嘔
放
可是一點一點地吃，沒料的部分又吃不下。
……
沒味道……
只因為這種理由?!
還有……
我不喜歡吃玉子燒。
什麼?!
小朋友不是都很喜歡玉子燒嗎？
大鵬
玉子燒
巨人

我真的被女兒打敗了。
我很喜歡吃飯糰，也很喜歡吃玉子燒……
我一直以為這是便當菜的首選……
放飯糰是考慮到這樣女兒可以直接用手拿著吃。
還不太會用
隔天做了番茄醬炒飯便當。
我把便當吃得亮晶晶了~
空空的
哇!!
吃得一乾二淨。
想說會不會是不喜歡偏甜的玉子燒，於是改做鹹的口味，也試著加起司，可是女兒還是不喜歡吃。
水煮蛋也不愛……
不能放蛋，這樣空隙不好處理，顏色也不漂亮。
看來為了準備便當，我還有得煩惱。

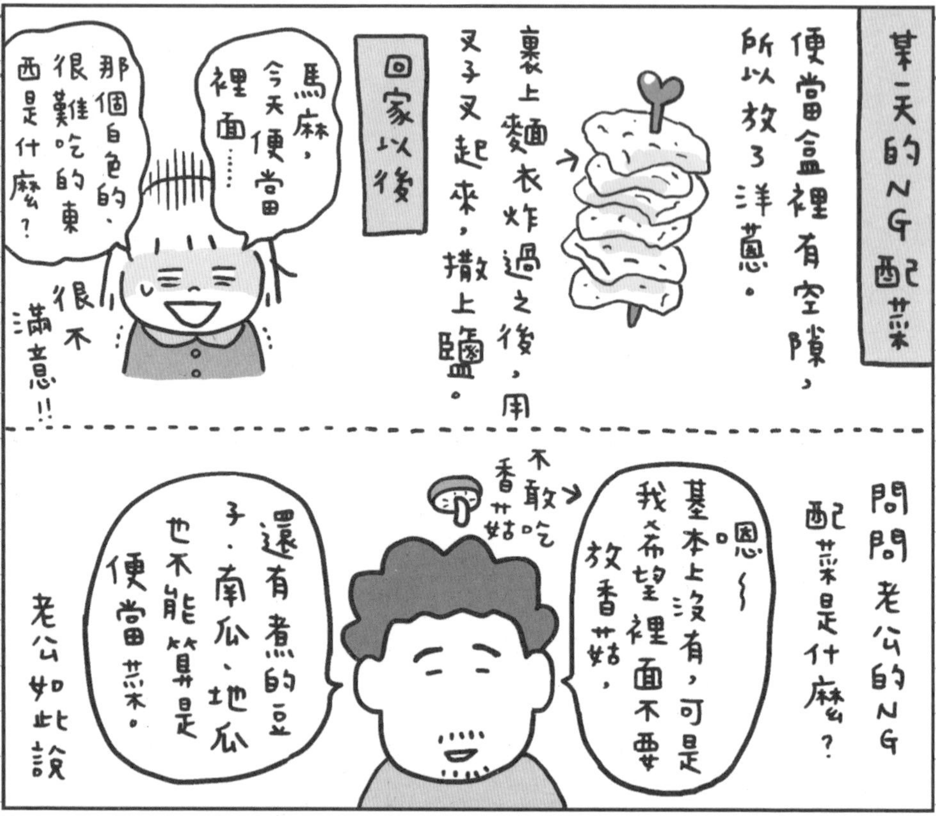
某天的NG配菜
便當盒裡有空隙，所以放了洋蔥。
裹上麵衣炸過之後，用叉子叉起來，撒上鹽。
回家以後
馬麻，今天便當裡面……
那個白色的、很難吃的東西是什麼？
很不滿意!!
問問老公的NG配菜是什麼？
嗯～基本上沒有，可是我希望裡面不要放香菇，
不敢吃香菇→
還有煮的豆子、南瓜、地瓜也不能算是便當菜。
老公如此說

經常做飯糰便當的時期
我的分↓
↑粉紅色的飯糰
想說飯糰比較容易進食……

為白飯加點變化
「番茄醬&嫩葉香鬆拌飯便當」

今天早上也為女兒做番茄醬炒飯。
咚
咚
咚
洋蔥、紅蘿蔔、青椒、培根……
玉米也一起放進去。
嗞~
嗞~
可是做番茄醬炒飯很麻煩。
好了~
一點點
女兒的便當裡只裝得下一點點……
放
放
剩下的大半都進到老公的便當裡。
很容易做太多
今天也是番茄醬炒飯~
很大
你一定覺得怎麼又是番茄醬炒飯，對吧？
已經吃膩了吧？
沒有啊……
老公大概已經吃膩了。
我去上班了

我也嘗試做了番茄醬炒飯以外的東西……
炒飯便當
蛋鬆肉末雙色便當
海苔卷便當
女兒的感想是……
我還是喜歡番茄醬炒飯。
番茄醬炒飯太強了!!
女兒吃便當吃得非常慢……
喜歡吃的東西會不會吃得快一點呢？
雖然也是會吃……
有一天。
今天有一個小朋友帶Purecure的香鬆吔～
還有條紋熊的香鬆～
妳是說自己撒的那種小包裝的香鬆嗎？
這麼大的～
妳也想帶嗎？
於是連忙買了女兒喜歡的卡通人物的香鬆給她帶去幼稚園。
白飯
香鬆
柴魚
全都吃光了，而且……
我還要帶香鬆去幼稚園!!
卡通人物香鬆大勝!!
太好了～～

只要裝白飯就好了，真輕鬆!!
也買了其他卡通人物的香鬆♥
今天是好久沒做的豬肉蓋飯便當!!
太好了!!
很大
託香鬆的福，我們得以過著平靜無波的日子。
可是沒多久──
打開
噫？
小米妳飯怎麼沒吃完？
可是香鬆沒有了，怎麼回事？
空空的
吃著吃著香鬆就沒了……
只吃白飯又沒味道~
撒香鬆
撒~
※不會一點一點地撒
只吃有香鬆的表層的飯
香鬆沒了白飯沒味道……
想像
嗚嗚，怎麼會這樣?!

那我先幫妳把香鬆拌進去飯裡面好了~
這樣可以嗎？
嗯……
嫩葉香鬆的話可以。
嫩葉香鬆是女兒在家裡也常吃的拌飯用香鬆，她很喜歡。
嫩葉
海帶芽拌飯香鬆
因此最近經常做的是嫩葉香鬆拌飯和番茄醬炒飯。
今天是番茄醬炒飯
嗞~
剩餘的番茄醬炒飯有時就當作我的午餐，可是……
吃膩了……
我得趕快開發新菜單才行。
Purecure的香鬆?!
剩下的給老公帶便當

之後也用了各種拌飯香鬆。
這種的ok的♫
鴻拌飯香鬆 海帶芽
丸美屋 魩仔魚 海帶芽拌飯香鬆
井上商店 紫蘇海帶芽
永谷園 大人的香鬆 山葵
我則是喜歡這個
三島 紫蘇粉
老公喜歡的香鬆
不過最喜歡的還是番茄醬炒飯~!!
番茄醬炒飯最強!!

糊糊的~
ketchup
連老公的也是
番茄醬炒飯便當
番茄醬炒飯
隔天改放嫩葉拌飯
不太會做炒飯……
若菜

無限的可能性?!
「竹輪便當」

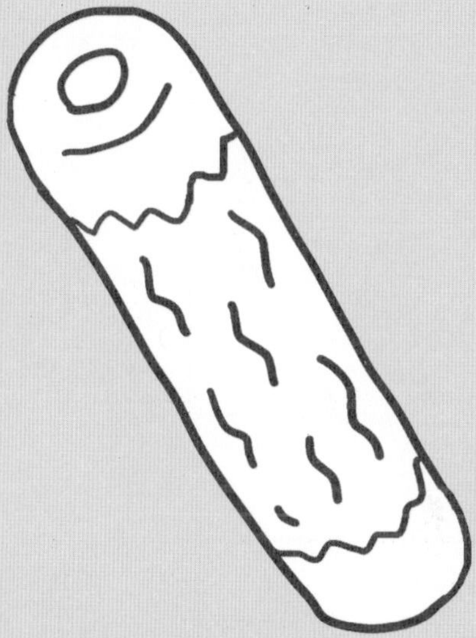

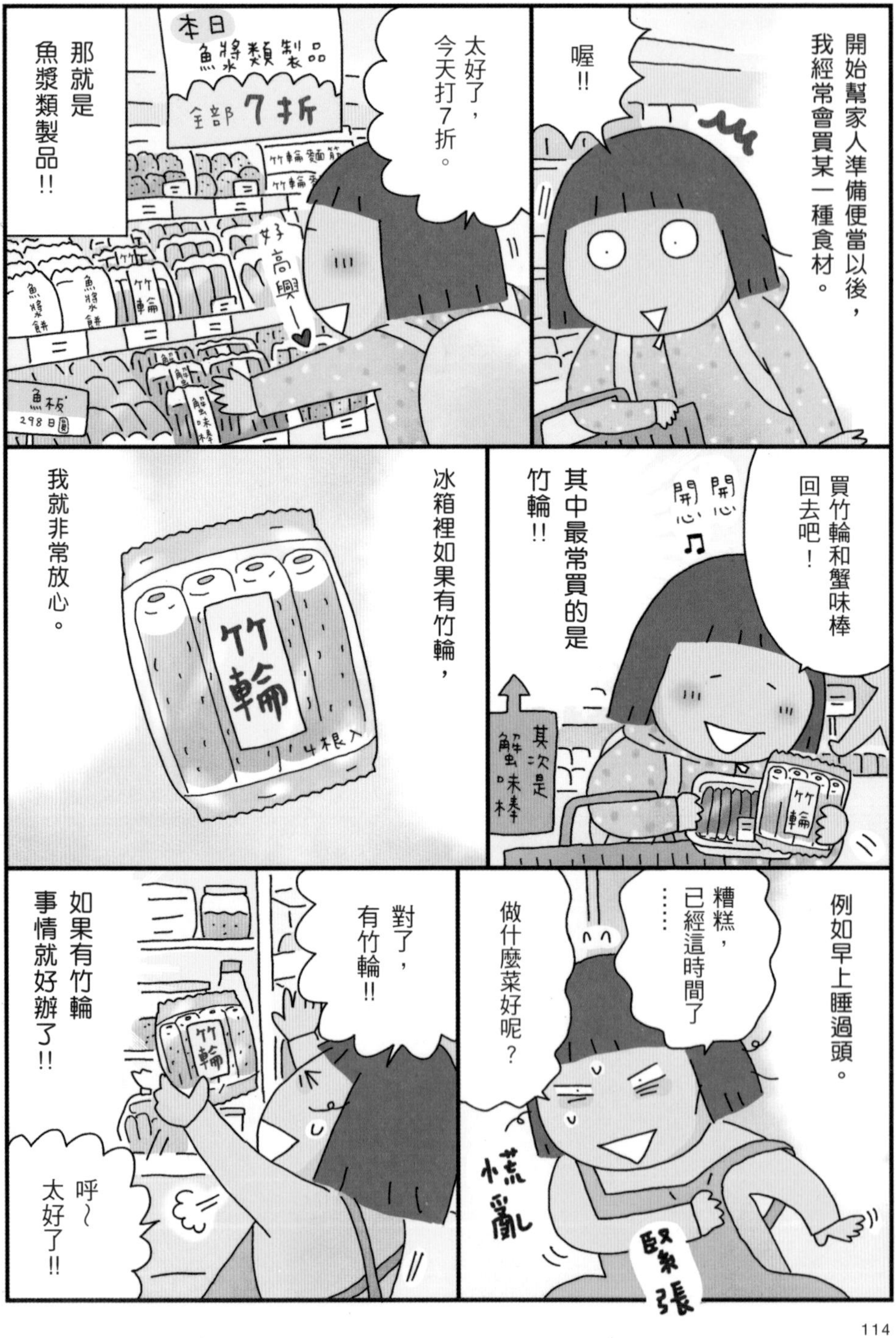
開始幫家人準備便當以後，我經常會買某一種食材。
喔!!
本日
魚漿類製品
全部7折
竹輪麵筋
太好了，今天打7折。
好高興～
魚漿餅
魚漿餅
竹輪
蟹味棒
魚板
298日圓
那就是魚漿類製品!!
買竹輪和蟹味棒回去吧！
開心開心
其中最常買的是竹輪!!
其次是蟹味棒
竹輪
冰箱裡如果有竹輪，
我就非常放心。
竹輪
4根入
例如早上睡過頭。
糟糕，已經這時間了……
做什麼菜好呢？
慌亂
緊張
對了，有竹輪!!
竹輪
如果有竹輪事情就好辦了!!
呼～太好了!!

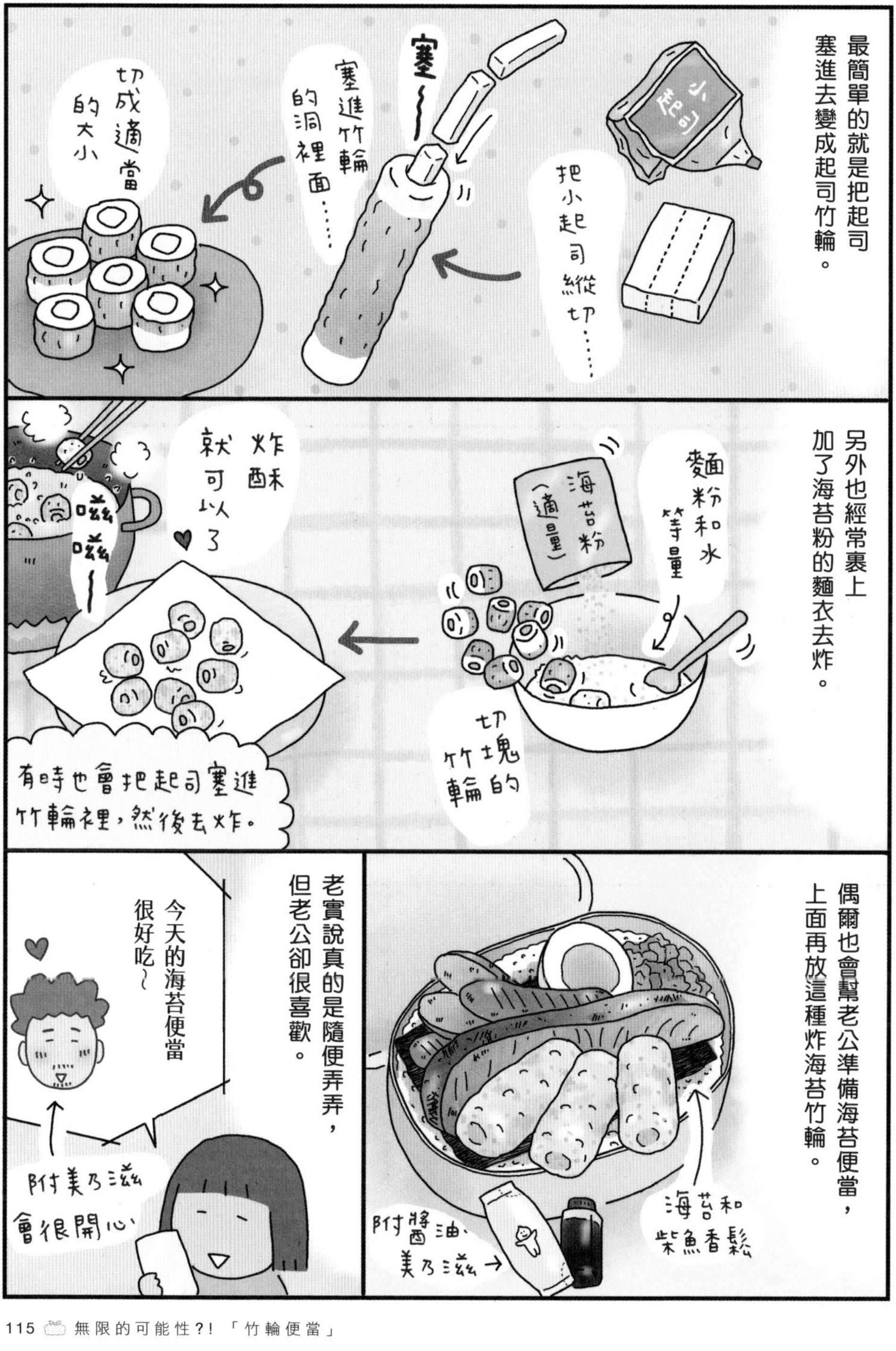
最簡單的就是把起司塞進去變成起司竹輪。
小起司
把小起司縱切……
塞~
塞進竹輪的洞裡面……
切成適當的大小
另外也經常裹上加了海苔粉的麵衣去炸。
麵粉和水等量
海苔粉（適量）
切塊的竹輪
炸酥就可以了
嗞嗞~
有時也會把起司塞進竹輪裡，然後去炸。
偶爾也會幫老公準備海苔便當，上面再放這種炸海苔竹輪。
海苔和柴魚香鬆
附醬油、美乃滋→
老實說真的是隨便弄弄，但老公卻很喜歡。
今天的海苔便當很好吃~
附美乃滋會很開心

另外，女兒不太吃，單純只有青菜的菜餚。
只是把奶油炒菠菜盛在容器裡
大概不吃
把這種配菜塞進竹輪的洞裡。
塞～
塞～
努力一點的話，真的可以塞很多。
切塊之後，就變成一道很可愛的竹輪菜餚。
切成適當的大小
菠菜竹輪
不同版本
塞了炒青椒絲……
青椒竹輪
塞了鹹甜味的煮紅蘿蔔……
紅蘿蔔竹輪
不容易進食的東西放進竹輪裡，女兒也都可以接受。
吃光光～，太好了～！
打開
回想以前我一個人住的時候，其實很少買魚漿類製品。
魚漿類製品
幾乎都是視而不見

因為一個人吃的話，量有點多，
大竹輪
竹葉魚板
牛蒡甜不辣
蟹味棒
炸薩摩魚餅
偶爾買也是為了做關東煮。
現在卻這麼常買，連自己都覺得很意外。
再買竹輪回去!!
可是天氣越來越冷，幼稚園的便當保溫器登場，便當菜主力選手起司竹輪就沒辦法用了。
因為起司會融化
嗯～不能用起司，怎麼辦呢？
改放小香腸看看……
塞～
燙過
喔，這也挺不錯的嘛！
對了，下次放蘆筍看看。
滾滾
可不可以放馬鈴薯呢？
我覺得竹輪的洞裡還充滿了無限的可能性。

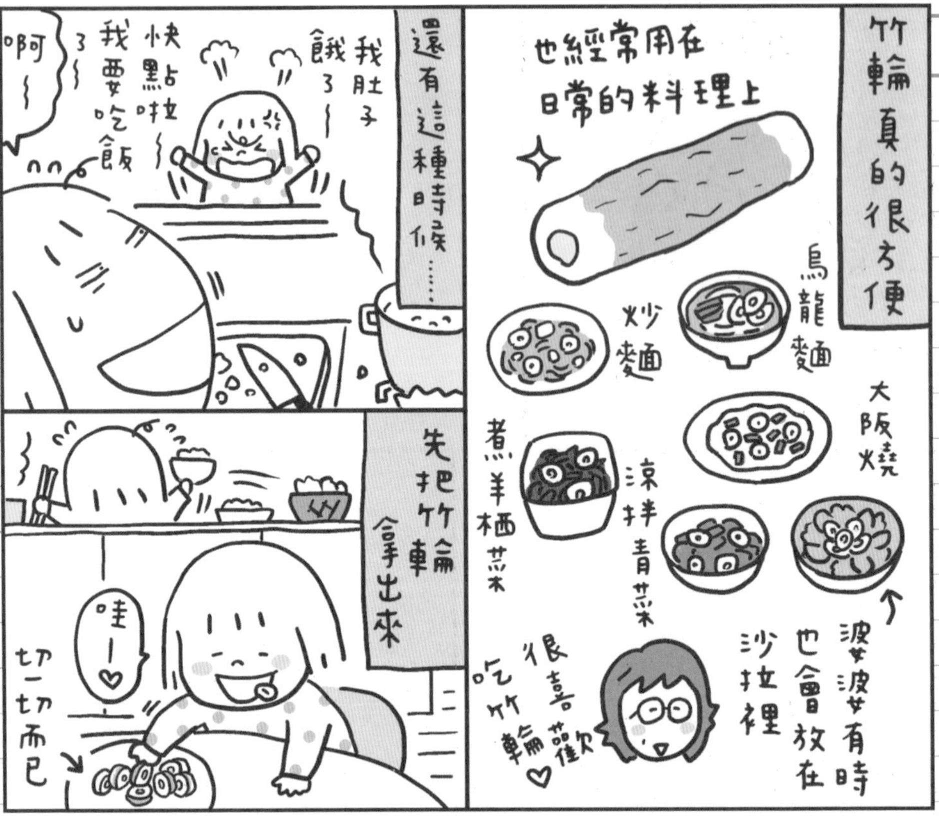
竹輪真的很方便
也經常用在日常的料理上
烏龍麵
炒麵
大阪燒
煮羊栖菜
涼拌青菜
婆婆有時也會放在沙拉裡
很喜歡吃竹輪♡
還有這種時候……
我肚子餓了~
快點啦~
我要吃飯了~
啊~
先把竹輪拿出來
哇—♡
切一切而已

裡面放小黃瓜
裡面放小香腸
炸起司海苔竹輪
變化無窮!!
炸海苔竹輪
裡面放菠菜

填縫隙的救世主！
冷凍食品真方便

做便當的時候，有時會沒辦法把便當盒裡全放滿。
嗯嗯～
小米的便當裡又不能放小番茄，怎麼辦好呢？
窸窣窸窣
窣窣
以前咬的時候，番茄汁噴出來，弄髒了衣服。
啊～什麼都沒有，也沒時間了。
真的沒有嗎？
特別是女兒的便當更叫人傷腦筋……
於是終於決定利用某個東西。
營業到0時
超市
特價
Frozen Food
琳瑯滿目～!!
……
那就是冷凍食品!!
之前，老公和女兒的便當從來沒放過冷凍食品，
終於要靠冷凍食品了……
哈哈……
因為國中～高中自己準備便當的時候，經常用冷凍食品，
叮～♪
冷凍炒飯
滋滋～
冷凍可樂餅
當時那種已經吃膩了的心情現在還在。

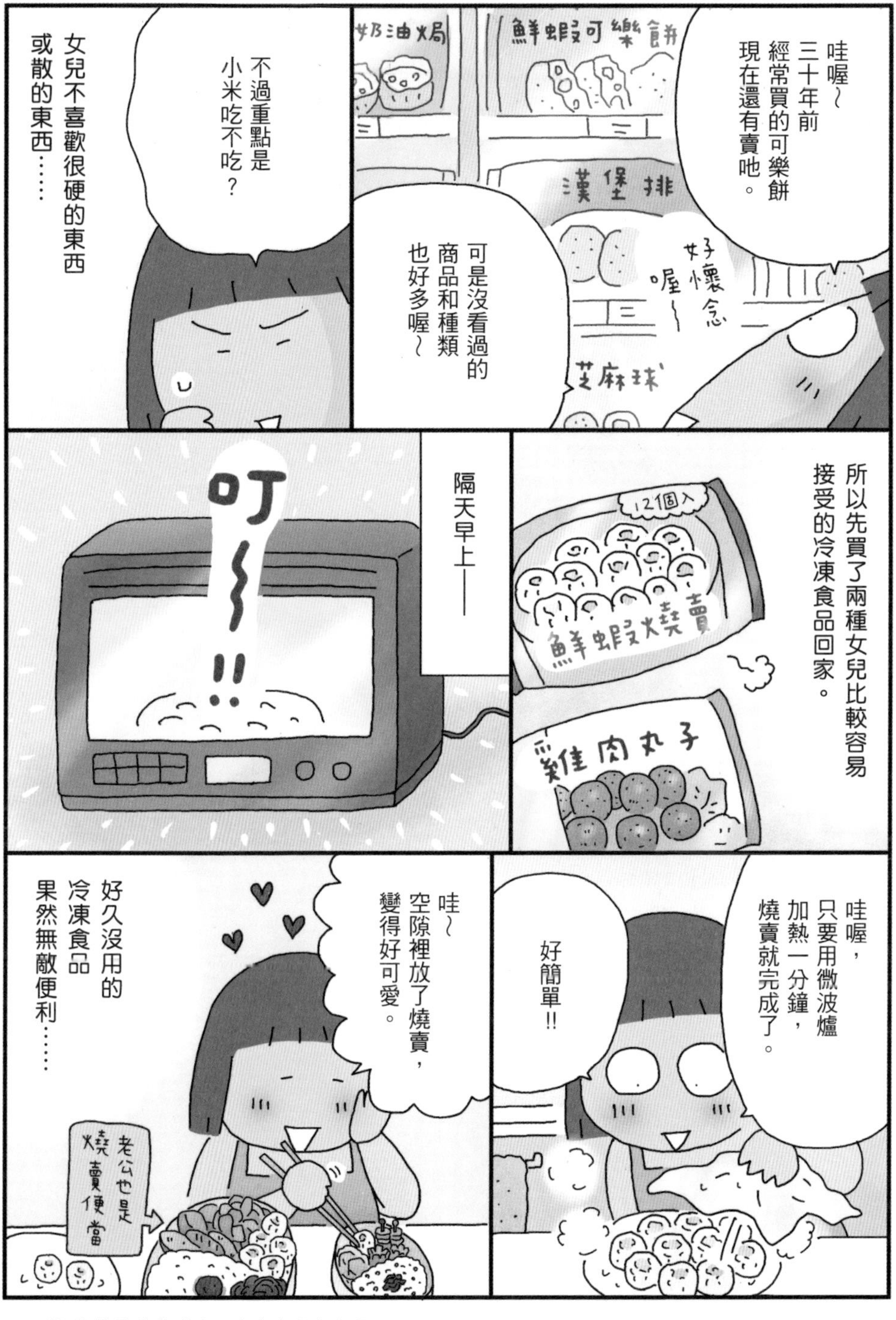
哇喔～
三十年前
經常買的可樂餅
現在還有賣吔。
奶油焗
鮮蝦可樂餅
漢堡排
好懷念喔～
芝麻球
可是沒看過的
商品和種類
也好多喔～
不過重點是
小米吃不吃？
女兒不喜歡很硬的東西
或散的東西……
所以先買了兩種女兒比較容易
接受的冷凍食品回家。
12個入
鮮蝦燒賣
雞肉丸子
隔天早上——
叮～!!
哇喔，
只要用微波爐
加熱一分鐘，
燒賣就完成了。
好簡單!!
哇～
空隙裡放了燒賣，
變得好可愛。
好久沒用的
冷凍食品
果然無敵便利……
老公也是
燒賣便當

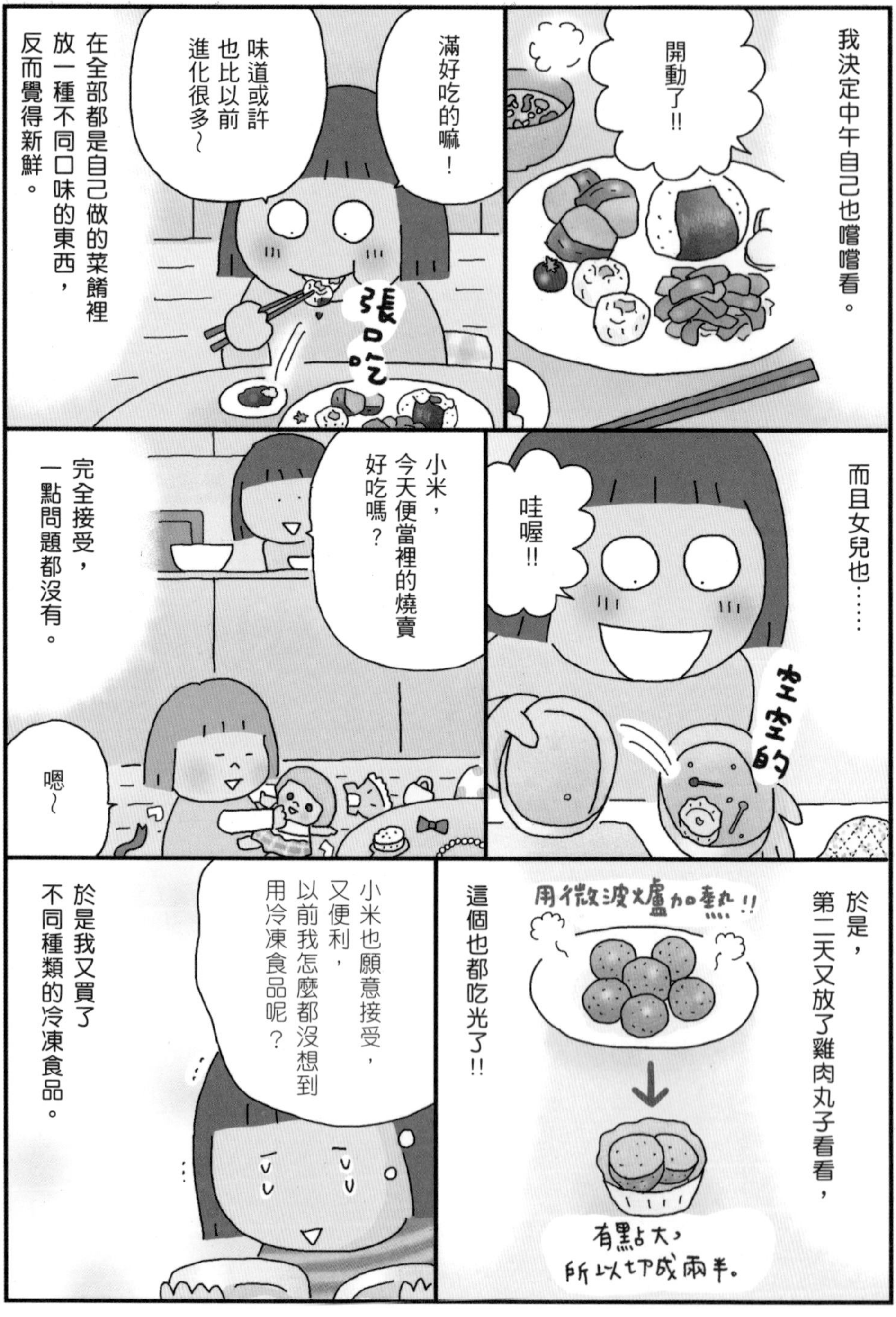
我決定中午自己也嚐嚐看。
開動了!!
滿好吃的嘛！
味道或許也比以前進化很多~
張口吃
在全部都是自己做的菜餚裡放一種不同口味的東西，反而覺得新鮮。
而且女兒也……
哇喔!!
空空的
小米，今天便當裡的燒賣好吃嗎？
嗯~
完全接受，一點問題都沒有。
於是，第二天又放了雞肉丸子看看，
用微波爐加熱!!
有點大，所以切成兩半。
這個也都吃光了!!
小米也願意接受，又便利，以前我怎麼都沒想到用冷凍食品呢？
於是我又買了不同種類的冷凍食品。

馬麻～，妳今天放了可樂餅喲？
妳不喜歡嗎？
以後不要再放可樂餅了!!
雖然吃完了
可是還是有一些東西女兒不喜歡……
NG
可樂餅
奶油焗烤（據說不好進食）
地瓜燒等等甜食類
不過有時又……
馬麻，謝謝妳幫我做鱈魚子義大利麵。
好好吃喔～
嗯……嗯……
記得還要再放喔～
大受女兒歡迎，讓我心情有些複雜。
只有用微波爐加熱而已
鱈魚子義大利麵
而且適合放在女兒便當裡的可愛配菜。
得放好幾個才放得滿……
放到老公的大型便當盒裡，就覺得有點不划算。
放
放
結果冷凍食品通常都是用來填女兒的便當的空隙。
用微波爐加熱!!
用冷凍食品之後，我準備便當的心情也隨之輕鬆許多。

炸豬排和春卷太硬了吧？
奶油可樂餅可能也不吃……
挑選適合女兒的冷凍食品真的很難
炸蝦
鮮嫩美味
4隻入
自然解凍OK
放一隻就顯得澎湃許多!!
其中經常買的是……
Oh'my
便當鱈魚子義大利麵
4杯入
小分量包裝，很方便。
女兒讚不絕口
好好吃～♡
FRESH FROZEN
AJINOMOTO
銷售NO.1
鮮嫩美味
鮮蝦燒賣
小小的，口感較軟，很方便!!
雞肉丸串
照燒口味
2個一串×6支
用的時候分別從竹籤上取下。

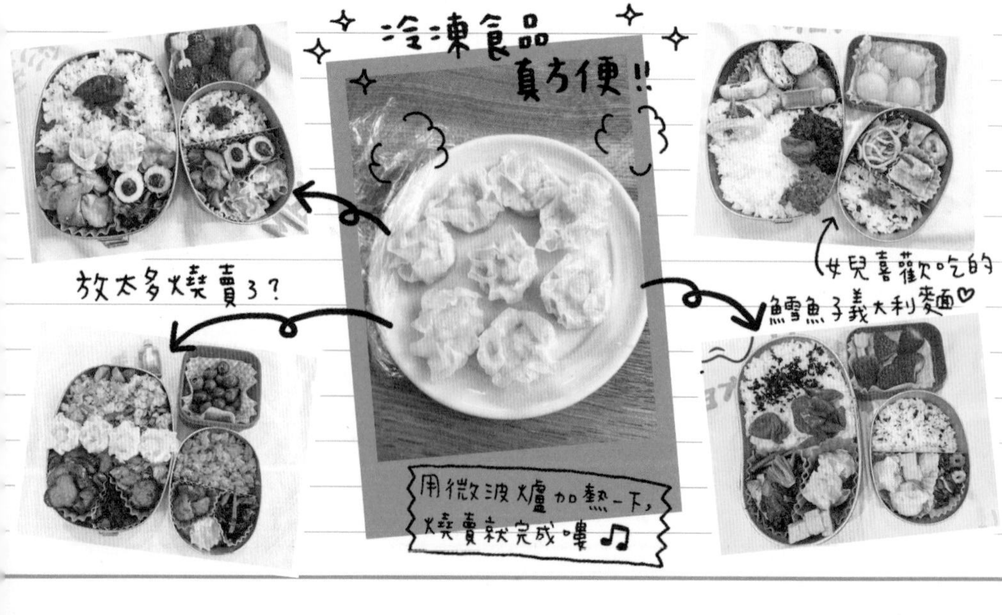
冷凍食品真方便!!
用微波爐加熱一下，燒賣就完成嘍♫
放太多燒賣了？
女兒喜歡吃的鱈魚子義大利麵♡

用剩餘的便當菜
做成我的隨興盤餐

漸漸習慣準備
兩個人的便當之後。
老公的
女兒的
也順便為自己準備一份。
耶~
我的便當!!
起先還會好好裝進便當盒裡，
不過早上總是一片忙亂，
唉呀，
只剩下10分鐘
手忙
腳亂
漸漸地變成只把剩餘的菜
放到盤子上。
剩下了~
放
放
把便當交給老公和女兒之後……
這是
你的便當~
謝謝~
啪噠
啪噠
盤子上剩餘的便當菜
就變成我的午餐。
嘍~
我走
保鮮膜
比裝進便當盒裡輕鬆♥

老公和女兒出門以後，
我也開始在家工作。
開心開心
已經
這時間了？
嗯～
來吃午餐吧。
盤子上都是剩餘的便當菜，
量也經常很少，
這樣有點
不夠吧？
咕嚕～
所以有時吃飯前會再加點東西。
切個番茄吧～
咚
咚
我很喜歡喝湯，
所以也會加個湯。
昨天剩下的味噌湯
熱呼呼～
或是即食湯品
剩菜盤餐變成隨興盤餐。
還有優格當甜點

一個人的午餐雖然輕鬆，
耶～～
開動了!!
嗯～今天的炒菠菜，
味道有點太重了……
嚼……
喜歡的炸竹輪也差不多吃膩了。
哇哈哈
午餐之旅
嗯～……
但也經常一個人邊吃邊反省。
他們兩個會不會吃呢？
打開
開心
開心
啊，是老公傳來的。
叮—
12:35
小亞
謝謝妳幫我準備便當，炒菠菜很下飯，我一下子就吃光了!!
各在不同的地方，卻吃著相同的午餐，這種感覺也挺好的呢!!

而越接近週末
我們家的便當菜就越寒酸。
很少~
小香腸
蟹味棒
因為想在星期五之前全部用完
嗯~，把剩下的三個蟹味棒拿來炸~
老公一個……小米一個……
用小香腸來代替肉。
小米的放番茄醬炒飯~
老公的放顆白煮蛋~
因此我的盤子上也沒什麼東西。
一點點
剩下的番茄醬炒飯
嗯~這樣根本吃不夠~
用力
折斷
這種時候……
有時會用半包泡麵做成迷你拉麵。
剩下的一半留下來
拉麵
代替湯
接下來是星期六、星期天，不用帶便當!!
開動了!!
我想出去玩玩，也想去大採購。

我很喜歡喝湯，所以有時也會推薦給老公。
你要不要把味噌湯放進保溫湯杯裡帶去公司？
還是要帶杯湯？
公司有熱開水嗎？
我不用～
可是老公完全沒興趣。
玉米濃湯
經常儲備有各種湯品，以備味噌湯沒有剩的時候可以用。
5種味 味噌湯 仙台 信州 加賀 九州 三州
海帶芽湯
菌菇濃湯
蛋花湯
番茄濃湯
泰式酸辣蝦湯
牛肉清湯
今天喝海蘊湯好了
我一個人的小奢侈♡

今天的隨興盤餐
哼哼～很隨興～
也很愛吃番茄♡
一大盤!!
台灣鹹豆漿口味的湯品
番茄醬炒飯已經吃膩了……

新作

在床上彩排
今天的便當

剛開始準備女兒的便當時，真的很花時間，
兩個小時以上
瑣碎
費事
現在已經過了將近一年……
嗯……
現在幾點？
呼—
呼—
還沒6點……
呼—
要煮飯的話，差不多該起床了。
可是，好像……
還有庫存……
冷凍的飯
以前我覺得便當的飯一定要用現煮的，
但是應女兒要求做番茄醬炒飯和香鬆拌飯之後，開始覺得不用現煮的飯也無妨。
嫩葉
結果……
把冷凍的飯拿出來熱一熱就好了吧～
又繼續睡。
呼～～

30分鐘後。
嘟~
嘟~
鬧鐘
嗯~~~該起來了……
啊~今天的便當放什麼好呢？
嘟~
沙沙……
呼~
呼~
把飯用微波爐加熱，兩個人都是嫩葉香鬆拌飯。
雞肉解凍做照燒雞，
比番茄醬炒飯快
青菜怎麼辦呢？
燙個青花菜，
迷迷糊糊~
小米的再放幾個冷凍燒賣就完成了。
可是老公的還裝不滿，怎麼辦？
嗯~
有蟹味棒，加點玉米和美乃滋拌一拌!!
就這麼辦!!
起身

最近像這樣先在腦子裡決定好菜單後再起床。
嗯～首先是～
啪噠
啪噠
雞肉解凍～
嗶－
燒開水～
倒落
切青花菜!!
動作
準備便當的過程順利多了。
沒想到麻煩事來了!!
空空的
唉呀，冷凍的飯只剩下一盒!!
奇怪，我明明記得還有兩盒的。
糟糕～不夠～
這種時候，還有一個絕招。
救星來了，即食飯～
微波爐加熱2分鐘
即食飯
由此撕開
比較貴，所以真正需要時才會用，
哇～很像現煮的飯。
熱騰騰
叮－
有備無患。
而且很好吃♥

做成香鬆拌飯，一邊放涼，一邊做菜。
呼～
好冷喔
嗞～
過了一會兒，負責做早餐的老公起床了，
早～
開始和我搶著用廚房。
可以用烤麵包機嗎？
等一下，先讓我用微波爐!!
一起用的話會跳電!!
哇～最好用的盆子被你拿走了!!
因為～
在角落做事
……
其實我不太喜歡他們吃之前就看到便當的內容。
嗯，差不多做好了。
趕緊拿開
畢竟打開便當盒的那一刻是最令人期待的。

嗯～今天的便當差不多這樣吧？
老公的好像少了點什麼……
對了，放點榨菜進去!!
放
放
榨菜
順便放點梅干到小米的便當裡……
輕放
用菜刀剁碎
滿喜歡梅干的
酸酸的，很好吃～
好了，便當完成了!!
LUNCH
雖然時間比以前縮短了，不過還是需要大約一個小時。
有沒有辦法再快一點呢？
～♫
我覺得要迅速準備好便當，最好的辦法是預先做好各種配菜。

可是總是火燒屁股才會開始行動的我，
……
覺得那樣太麻煩了。
另外一個辦法是把前一天晚上的菜留一點下來。
做了很多，拿些起來～
這個昨天吃過了。
同樣一道菜接連出現，女兒有時也會抱怨。
還是早上動作快一點比較實在～
因此……
嗯……
啾
啾……
今天也在床上一邊想便當裡面要放什麼，
先做那個，然後～
呼～
呼～
再做那個～
呼～
一邊希望自己能更迅速準備好便當。

後記

本書收錄了許多關於便當的小故事，希望你們都喜歡。

便當如果是做給自己吃，我會隨便做做就好。
可是自從為老公和女兒準備便當以後，做得好不好吃、量夠不夠、放什麼菜會令他們開心等等都成了我考慮的問題。

不管放什麼老公都會吃完，相對的女兒的便當就比較麻煩。

女兒上的那家幼稚園似乎用「吃得亮晶晶」這說法來形容把便當吃光光，
所以當她把便當全部吃完，到家後有時會跟我報告說：「我把便當吃得亮晶晶了！」

實際上便當盒裡還是會黏著飯粒或沾上汁液，不是真的亮晶晶。
不過看到便當盒裡是空的，做的人也覺得很有成就感，像拿了獎牌一樣，大受鼓舞。

開始幫女兒準備便當時，心想這要持續三年，
好久喔，但現在寫這篇後記時，女兒已經念小學一年級，學校有營養午餐，暫時不用再帶便當。

小孩子真的長得很快!!

學校有營養午餐真的很方便，但有時也會出些小問題，
希望以後的連載可以把這方面的故事畫出來。
（便當生活仍持續連載中，也預定集結出書。）

本書連載期間正逢疫情肆虐，遠足和運動會等一律取消或縮小規模，
我也沒機會準備這類活動的便當。

下一本書中希望有機會挑戰這類的便當，
此外我也想去很遠的地方旅行，在當地吃車站便當，進而把這些故事畫下來。

現在我仍然每天幫老公準備便當，不過因為老公有點太胖了，
今後我想多花點心思做出更健康的便當。

雖然還不清楚這類內容會不會出現在下一本書中，
但還是希望你們能繼續給我支持和鼓勵。

2023年8月　　高木直子

今天的便當裡有什麼菜呢？
滿心
期待
打開
我也好想像這樣一邊期待一邊打開便當～

媽媽的每一天：
高木直子東奔西跑的日子

人氣系列：來到《媽媽的每一天》最終回，依依不捨！
同場加映：爸爸的每一天，小亞充滿愛的視角大公開！
有笑有淚：高木直子 vs 女兒小米的童年回憶對照組！

媽媽的每一天：
高木直子陪你一起慢慢長大

不想錯過女兒的任何一個階段，二十四小時，整年無休，每天陪她，做她「喜歡」的事……
媽媽的每一天，教我回味小時候，教我珍惜每一天的驚濤駭浪。

媽媽的每一天：
高木直子手忙腳亂日記

有了孩子之後，生活變得截然不同，過去一個人生活很難想像現在的自己，但現在的自己卻非常享受當媽媽的每一天。

已經不是一個人：
高木直子40 脫單故事

一個人可以哈哈大笑，現在兩個人一起為一些無聊小事笑得更幸福；一個人閒散地喝酒，現在聽到女兒的飽嗝聲就好滿足。

再來一碗：
高木直子全家吃飽飽萬歲！

一個人想吃什麼就吃什麼！兩個人一起吃，意外驚喜特別多！現在三個人了，簡直無法想像的手忙腳亂！
今天想一起吃什麼呢？

150cm Life
(台灣出版16周年全新封面版)

150公分給你歡笑，給你淚水。不能改變身高的人生，也能夠洋溢絕妙的幸福感。送給現在150公分和曾經150公分的你。

一個人住第5年
（台灣限定版封面）

送給一個人住與曾經一個人住的你！
一個人的生活輕鬆也寂寞，卻又難割捨。有點自由隨興卻又有點苦惱，這就是一個人住的生活！

一個人住第幾年？

上東京已邁入第18個年頭，搬到現在的房子也已經第10年，但一個人住久了，有時會懷疑到底還要一個人住多久？

一個人上東京
(陪你奮鬥貼紙版)

一個人離開老家到大城市闖蕩，面對不習慣的都市生活，辛苦的事情比開心的事情多，卯足精神求生存，一邊擦乾淚水，一邊勇敢向前走！

生活系列

一個人漂泊的日子①
（封面新裝版）

離開老家上東京打拚，卻四處碰壁。大哭一場後，還是和家鄉老母說自己過得很好。
送給曾經漂泊或正在漂泊的你，現在的漂泊，是為了離夢想更進一步！

一個人漂泊的日子②
（封面新裝版）

一個人漂泊的日子，很容易陷入低潮，最後懷疑自己的夢想。
但當一切都是未知數，也千萬不能放棄自己最初的信念！

一個人好想吃：
高木直子念念不忘，
吃飽萬歲！

三不五時就想吃無營養高熱量的食物，偶爾也喜歡喝酒、B級美食……
一個人好想吃，吃出回憶，吃出人情味，吃出大滿足！

一個人做飯好好吃

自己做的飯菜其實比外食更有滋味！一個人吃可以隨興隨意，真要做給別人吃就慌了手腳，不只要練習喝咖啡，還需要練習兩個人的生活！

一個人搞東搞西：
高木直子閒不下來手作書

花時間，花精神，花小錢，竟搞東搞西手作上癮了；雖然不完美，也不是所謂的名品，卻有獨一無二的珍惜感！

一個人好孝順：
高木直子帶著爸媽去旅行

這次帶著爸媽去旅行，卻讓我重溫了兒時的點滴，也有了和爸媽旅行的故事，世界上有什麼比這個更珍貴呢……

一個人的第一次
(第一次擁有雙書籤版)

每個人都有第一次，每天都有第一次，送給正在發生第一次與回憶第一次的你，希望今後都能擁有許多快樂的「第一次」！

我的30分媽媽
（想念童年贈品版）

最喜歡我的30分媽咪，雖然稱不上「賢妻良母」啦，可是迷糊又可愛的她，把我們家三姊弟，健健康康拉拔長大……

一個人邊跑邊吃：
高木直子呷飽飽馬拉松之旅

跑步生涯堂堂邁入第4年，當初只是「也來跑跑看」的隨意心態，沒想到天生體質竟然非常適合長跑，於是開始在日本各地跑透透……

一個人出國到處跑：
高木直子的海外歡樂馬拉松

第一次邊跑邊喝紅酒，是在梅鐸紅酒馬拉松；第一次邊跑邊看沐浴朝霞的海邊，是在關島馬拉松；第一次參加台北馬拉松，下起超大雨！

一個人去跑步：
馬拉松1年級生
(卡哇依加油貼紙版)

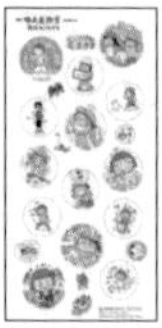

天天一個人在家工作，還是要多多運動流汗才行！
有一天看見轉播東京馬拉松，一時興起，我也要來跑跑看……

一個人去跑步：
馬拉松2年級生

這一次，突然明白，不是想贏過別人，也不是要創造紀錄，而是想挑戰自己，「我」，就是想要繼續快樂地跑下去……

一個人吃太飽：
高木直子的美味地圖

只要能夠品嚐美食，好像一切的煩惱不痛快都可以忘光光！
只要跟朋友、家人在一起，最簡單的料理都變得好有味道，回憶滿滿！

一個人和麻吉吃到飽：
高木直子的美味關係

熱愛美食，更愛和麻吉到處吃吃喝喝的我，這次特別前進台灣。一路上的美景和新鮮事，更讓我願意不停走下去、吃下去啊……

一個人暖呼呼：
高木直子的鐵道溫泉秘境

旅行的時間都是我的，自由自在體驗各地美景美食吧！
跟著我一起搭上火車，遨遊一段段溫泉小旅行，啊～身心都被療癒了～

一個人到處瘋慶典：
高木直子日本祭典萬萬歲

走在日本街道上，偶爾會碰到祭典活動，咚咚咚好熱鬧！原來幾乎每個禮拜都有祭典活動。和日常不一樣的氣氛，讓人不小心就上癮了！

(行李箱捨不得貼紀念版)

一個人去旅行：
1 年級生

一個人去旅行，好玩嗎？一個人去旅行，能學到什麼呢？不用想那麼多，愛去哪兒就去哪吧！
試試看，一個人去旅行！

(行李箱捨不得貼紀念版)

一個人去旅行：
2 年級生

一個人去旅行的我，不只驚險還充滿刺激，每段行程都發生了許多意想不到的插曲……這次為你推出一個人去旅行，五種驚豔行程！

慶祝熱銷！
高木直子限量筆記贈品版

一個人的狗回憶：高木直子到處尋犬記

泡泡是高木直子的真命天狗！16年的成長歲月都有牠陪伴。「謝謝你，泡泡！」喜歡四處奔跑的你，和我們在一起，幸福嗎？

一個人住第9年

第9年的每一天，都可以說是稱心如意……！終於從小套房搬到兩房公寓了，終於想吃想睡、想洗澡看電視，都可以隨心所欲了！

150cm Life ②

我的身高依舊，沒有變高也沒有變矮，天天過著150cm的生活！不能改變身高，就改變心情吧！150cm最新笑點直擊，讓你變得超「高」興！

150cm Life ③

最高、最波霸的人，都在想什麼呢？一樣開心，卻有不一樣的視野！
在最後一集將與大家分享，這趟簡直就像格列佛遊記的荷蘭修業之旅～

我的30分媽媽 ②

溫馨趣味家庭物語，再度登場！
特別收錄高木爸爸珍藏已久的「育兒日記」，揭開更多高木直子的童年小秘密！

高木直子周邊產品禮物書

Run Run Run

TITAN 155

便當實驗室開張

每天做給老公、女兒，偶爾也自己吃

高木直子◎圖文
洪俞君◎翻譯　陳欣慧◎手寫字

出版者：大田出版有限公司
台北市104中山北路二段26巷2號2樓
E-mail：titan@morningstar.com.tw
http：//www.titan3.com.tw
編輯部專線（02）25621383
傳真（02）25818761
【如果您對本書或本出版公司有任何意見，歡迎來電】

填回函雙重贈禮♥
①立即送購書優惠券
②抽獎小禮物

總編輯：莊培園
副總編輯：蔡鳳儀
行銷編輯：張筠和
行政編輯：鄭鈺澐
編輯：葉羿妤
編輯協力：中村玲
校對：黃薇霓／洪俞君

初版：二〇二四年四月一日
定價：新台幣 350 元
網路書店：https://www.morningstar.com.tw（晨星網路書店）
購書專線：TEL：（04）23595819　FAX：（04）23595493
購書Email：service@morningstar.com.tw　郵政劃撥：15060393
印刷：上好印刷股份有限公司　（04）23150280
國際書碼：ISBN　978-986-179-864-6　CIP：427.17／113001670

版權所有 翻印必究
如有破損或裝訂錯誤，請寄回本公司更換
法律顧問：陳思成

OBENTO DAYS　Otto to Musume to Tokidoki Jibun Bento by TAKAGI Naoko
Copyright © 2023 TAKAGI Naoko
All rights reserved.
Original Japanese edition published by Bungeishunju Ltd., in 2023.
Chinese (in complex character only) translation rights in Taiwan reserved by Titan Publishing Co., Ltd. under the license granted by TAKAGI Naoko, Japan arranged with Bungeishunju Ltd., Japan through Emily Books Agency LTD., Taiwan.